U0097705

Moblle Big Data 一本書讀懂 移動大數據

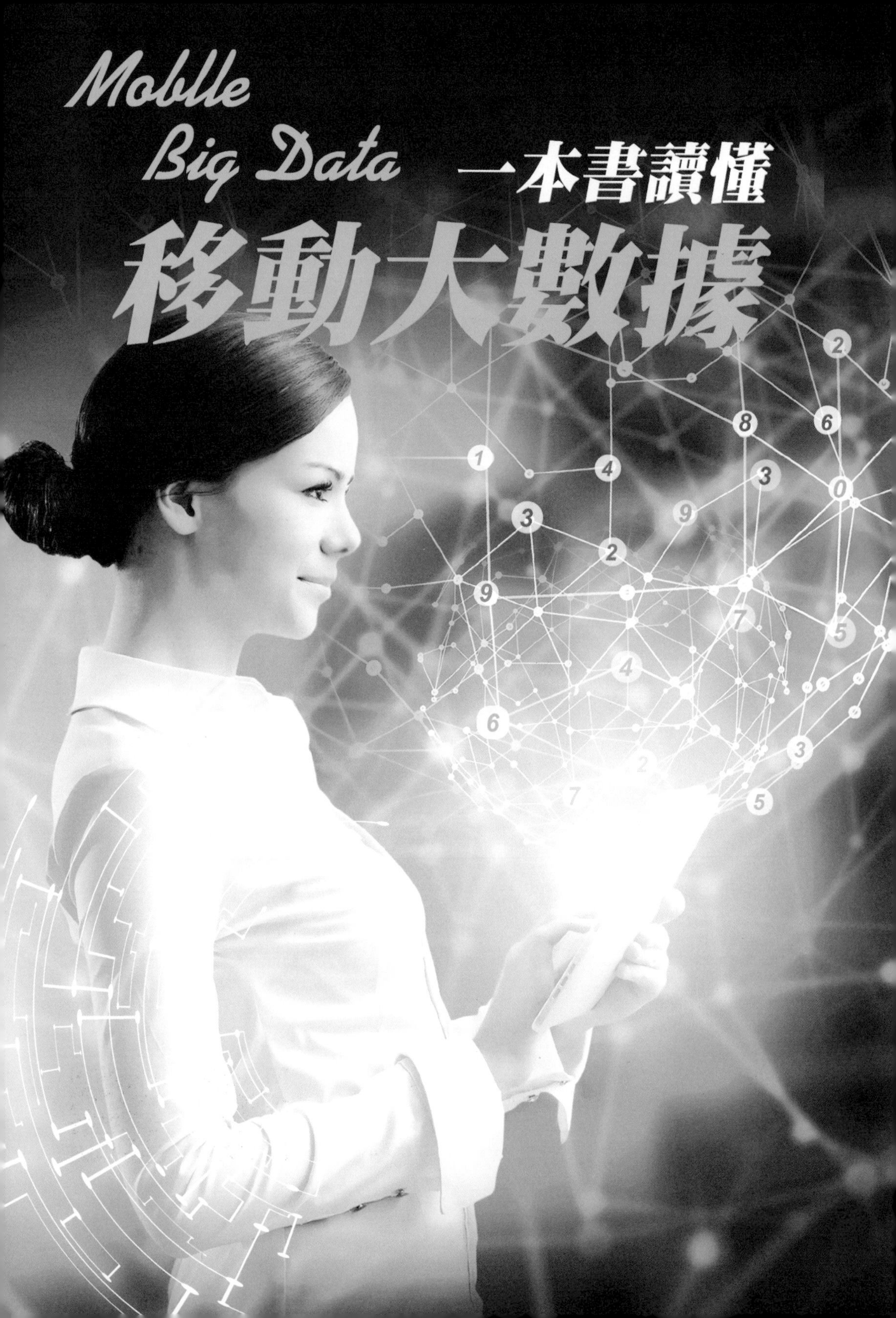

內 容 簡 介

本書是一本關於移動大數據的專著，以兩條線為主軸，以幫助讀者理解移動大數據，實現從入門到精通移動大數據的應用。

一條是縱向知識線，對移動大數據的相關內容作縱深瞭解：基本定義、主要特徵、採擷與管理、客戶分析與定位、精準行銷、商業價值與創新、思維現狀與趨勢、行銷模式與策略、安全風險與管理等。

另一條是橫向技能線，全面把握移動大數據的行銷模式及其行銷策略和應用案例，如移動 LBS、O2O、APP、移動微信、移動 QQ、移動微博、二維碼和移動視頻等的應用。

本書結構清晰，案例豐富，實用性強，適合互聯網時代和移動互聯網時代對大數據感興趣的行銷人員、企業經營和管理人員等使用。

書　　　名　一本書讀懂移動大數據
作　　　者　海天電商金融研究中心
發 行 人　程顯灝
總 企 畫　盧美娜
主　　　編　譽緻國際美學企業社・潘儀君
美　　　編　譽緻國際美學企業社・林婷璇
封 面 設 計　譽緻國際美學企業社・林婷璇
出 版 者　四塊玉文創有限公司
總 代 理　三友圖書有限公司
地　　　址　106 台北市安和路 2 段 213 號 4 樓
電　　　話　（02）2377-4155
傳　　　真　（02）2377-4355
E - m a i l　service @sanyau.com.tw
郵 政 劃 撥　05844889 三友圖書有限公司

總 經 銷　大和書報圖書股份有限公司
地　　　址　新北市新莊區五工五路 2 號
電　　　話　02-8990-2588
傳　　　真　02-2299-7900

初版　2016 年 11 月
定 價　新臺幣 320 元
ISBN：978-986-5661-90-8（平裝）

◎版權所有・翻印必究
書若有破損缺頁請寄回本社更換

國家圖書館出版品預行編目 (CIP) 資料

一本書讀懂移動大數據 / 海天電商金融研究中心作 .
-- 初版 .-- 臺北市：四塊玉文創 , 2016.11
面；　公分
ISBN 978-986-5661-90-8(平裝)
1. 企業管理 2. 資料探勘 3. 商業資料處理
494.029　　　　　　　　　105018718

本書簡體版書名為《一本書讀懂移動大數據》，由清華大學出版社有限公司正式授權，同意經由四塊玉文創有限公司出版中文繁體字版本。非經書面同意，不得以任何形式任意重製、轉載。

三友圖書
友直 友諒 友多聞

三友官網　　　三友 Line@

■ 寫作驅動

隨著移動互聯網的迅速發展和大數據技術應用的拓寬，越來越多的企業走向「擁抱」大數據、建立自己的大數據資源板塊和精準行銷之路。這樣一來，關於移動大數據的瞭解與積極應用即成為企業取得成功的必要法寶之一。

本書是一本全面揭秘移動大數據基本定義、主要特徵、採擷管理、客戶分析與定位、精準行銷、商業價值與創新、思維現狀與趨勢、行銷模式與策略和安全風險與管理的專著，特別是結合目前移動大數據的行銷工具與行業行銷案例，對移動大數據環境下的市場行銷進行分析和解讀，幫助讀者深入地瞭解移動大數據的動態和發展，從而實現移動大數據的商業價值和企業的市場目標。

本書緊扣移動大數據，主要採取理論與實際相結合的方式，解構其知識體系，採擷其行銷價值與策略，從縱向知識線和橫向技能線兩個向量全面而深入地剖析移動大數據。

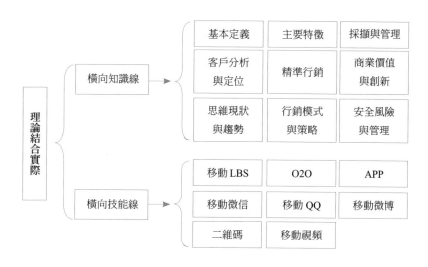

■ 本書特色

本書主要特色：理論結合實際、圖文並茂、內容全面深入、涉及領域廣泛和案例代表性強等。

(1) 接地氣，具象為主，適用性強。本書將抽象的移動大數據落實到具體應用上，通過各種模式和領域的移動大數據行銷案例剖析，幫助、指導讀者深入瞭解移動大數據商業精準行銷。

(2) 內容全面，圖文結合，專業性強。本書從各個角度出發，逐步深入，在具體講述移動大數據理論知識的同時，佐以大量圖片和圖解說明，幫助、指導讀者瞭解移動大數據的專門性知識，為移動大數據的商業應用提供理論支撐。

■ 適合人群

本書結構清晰，語言簡潔，圖表豐富，適合以下讀者學習使用。

• 大數據分析人員、行銷人員。
• 應用大數據技術的商家和企業。
• 希望透過大數據獲得第一桶金的創業者。

■ 作者介紹

本書由海天電商金融研究中心編著，參加編寫的人員有周玉姣、賀琴、李四華、王力建、譚賢、譚俊傑、徐茜、劉嬪、蘇高、柏慧、周旭陽、袁淑敏、柏松、譚中陽、楊端陽、劉偉、盧博、柏承能、劉桂花、劉勝璋、劉向東、劉松異等人，在此表示衷心的感謝。由於作者知識水準有限，書中難免有錯誤和疏漏之處，懇請廣大讀者批評指正，郵箱：baisong60@vip.qq.com。

時代趨勢，融合
大數據與移動互聯網　第 1 章

互聯網時代所有的行為、聲音都被記錄下來，產生了大量的數據，在這些數據的基礎上利用新處理模式形成的資訊資產是移動大數據的主要內容。

而大數據、移動互聯網、塊數據都與之緊密相關，本章透過對它們的漸進式理解直擊移動大數據的核心。

時代趨勢，融合大數據與移動互聯網	大數據概述
	移動互聯網概述
	移動大數據概述
	塊數據概述

1.1 大數據概述

大數據是一個修辭學意義上的詞彙。何謂「大」數據？其存著四個層面的含義，如圖 1-1 所示。

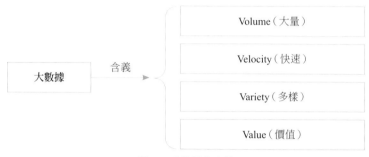

圖 1-1 大數據的含義

在數據方面，「大」（big）是一個大量、快速發展的術語，因其自身的發展變化而引起的社會競爭的激烈化也就顯而易見，其中，越來越多的企業參與到大數據的競爭中就是其表現之一。在這一形勢下，瞭解大數據的相關知識就很有必要了。本節將從三個方面簡述大數據的相關知識，如圖 1-2 所示。

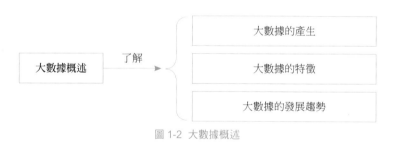

圖 1-2 大數據概述

1.1.1 大數據的產生

大數據之所謂「大」，是縱向上演變、發展和橫向上累積的結果，如圖 1-3 所示。

圖 1-3 大數據之「大」

由圖 1-3 可知，大數據的出現和技術處理是大勢所趨，是其自身與外界發展變化的產物。自然而然也有一個產生發展的過程，如表 1-1 所示。

表 1-1　大數據產生的歷史背景

時　間	人物 / 機構	事　件
1890 年	[美] 赫爾曼·霍爾瑞斯	發明了一臺用於讀取數據的電動器，由此引發了全球範圍內的數據處理新紀元。
1961 年	美國國家安全局（NSA）	採用電腦自動收集、處理超量的信號情報，並對積壓的類比磁片資訊進行數位化處理。
1997 年	[美] 邁克爾·考克斯和大衛·埃爾斯	他們提出了「大數據問題」，認為超級電腦生成大量不能被處理和視覺化的資訊，超出各類記憶體的承載能力。這是人類史上第一次使用「大數據」這個詞。
2009 年 1 月	印度身份識別管理局	掃描 12 億人的指紋、照片及虹膜，分配 12 位元的數位 ID 號碼，並將這一數據彙集到生物識別數據庫中。
2009 年 5 月	data.gov 網站	該網站擁有超過 4.45 萬的數據量集，利用網站和智慧手機應用程式，實現對航班、產品召回、特定區域內失業率等資訊的追蹤。
2011 年 2 月	IBM	在智力競賽節目中，其沃森電腦系統打敗了人類挑戰者，被稱為一個「大數據計算的勝利」。

隨著 TI 產業的迅速發展，在新興的 IT 供應商主導下，既有的電腦規範被重新定義，於是引起了以雲端運算、物聯網為代表的新技術變革，大數據即是如此。

數據量的暴增是大數據產生的前提，而全球智慧手機和移動設備激增則是數據量爆炸的一個重要原因，如圖 1-4 所示。

圖 1-4　數據量對比

由圖 1-4 可知，數據處於迅速增長趨勢下，本書認為，在這社會基礎上，以「一切都被記錄、一切都被數位化」為核心理念數據化的發展趨勢下，「大數據」應運而生，如圖 1-5 所示。

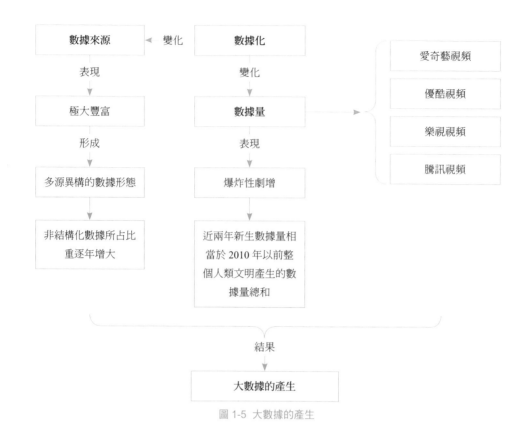

圖 1-5　大數據的產生

1.1.2 大數據的特徵

　　所謂「大數據」，即大量的、巨量的數據，這定義主要是從數據量的多寡程度來說的。從另一方面說明了大數據最重要的一個特徵—數據體量龐大。在我們常接觸的儲存產品中，其所用來計算的一般都用 EB、GB 或 TB 級別來表示，而大數據直接從 TB 級別躍升到了 PB、EB 級別，甚至 ZB 級別。

專家提醒

　　數據基本單位換算：1YB=1024ZB；1ZB（Zettabyte）＝ 1024EB；1EB（Exabyte）＝ 1024PB；1PB（Petabyte）＝ 1024TB；1TB（Trillionbyte）＝ 1024GB；1GB（Gigabyte）＝ 1024MB；等等。

　　由此可見，目前的數據量是一個龐大的數位和單位，其數據體量龐大的特徵由此可見一斑。截至目前為止，人類歷史上所生產的印刷材料的數據體量已

有 200PB，人類說過的話的數據量為 5EB 左右。

其實，大數據的特徵除了其數據大量（Volume）外，還可以從其多樣（Variety）、價值（Value）、快速（Velocity）方面來說，總稱為「4V」特徵。

從數據類型方面來說，大數據呈現類型的多樣性特徵，出現了與傳統意義上以文本為主的結構化數據之外的非結構化數據，如圖 1-6 所示。

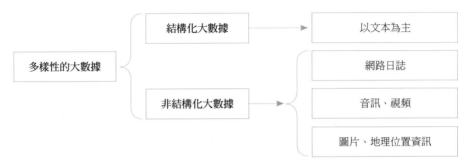

圖 1-6　大數據類型的多樣性

從價值方面來說，大數據呈現價值密度低的特徵。與大數據龐大的數量相比，其價值密度就顯得尤為低。如圖 1-6 中所說的視頻檔為例，可能 1 小時的視頻中有用的數據僅就一兩秒，換成分式的話就是個位數的 n/3600，其價值密度之低顯而易見了。所以如何利用龐大的大數據迅速地「提煉」出有價值的數據是目前急待解決的問題。

從處理速度方面來說，從一個「快」字就可以說明，這也是大數據與傳統數據採擷之間區別最顯著的特徵。隨著數據體量的不斷增大，如何更好、更快地處理企業經營、管理等方面的數據成為其將來競爭的重點之一。

1.1.3　大數據的發展趨勢

目前，人們對「大數據」這一概念的認知已經超出了其數據形式本身的範疇，而是作為一種企業必要的元素和企業應用聯繫起來。從這一方面來說，大數據的發展呈現三個明顯趨勢：成為企業的資產、新興產業的垂直整合、以及「四位一體」的泛互聯網化。

1. 數據成為企業的資產

在資訊時代，數據是經濟生產中一種獨立的生產要素，不僅只是以單純的數位形式而存在，隨之而來的是其在社會這一大環境下意義的改變，如圖 1-7 所示。

圖 1-7 「數據」的含義改變

　　在「數據」含義發生改變的大環境下，目前的互聯網三巨頭的發展對「數據」這一名詞做了完備的詮釋，如圖 1-8 所示。

圖 1-8 互聯網三巨頭的數據資產

　　上述三巨頭在互聯網行業方面發展迅速並有著獨特領域的發展優勢，換而言之，它們引領著行業的發展方向，相對於其他行業來說，有著壓倒性的發展優勢。

2. 新興產業的垂直整合

　　任何一種新興產業的企業都必須要通透的縱向了解，並整合上下游資源才能有所發展和成就，假如以「不求甚解」的姿態對待新興企業的發展，一味地在橫向上拓寬，這種發展方式是不可取的，其結果將是流於表層的混合發展，從市場前景方面來說，並不長久。

　　新興企業必須要通盤的了解全貌，使公司產品達到成熟後，並實現在水準分工上的資源整合，才能展現企業發展的優勢，如圖 1-9 所示。

圖 1-9 產品市場格局

資訊產業作為一種新興產業，在這時期的垂直整合是必然的，不僅如此，移動大數據中的大數據，對於垂直整合的趨勢，更具有推坡助瀾的效果。

3.「四位一體」的泛互聯網化

泛互聯網化，即互聯網在社會中的擴展以及社會各要素與互聯網的融合，如圖 1-10 所示。

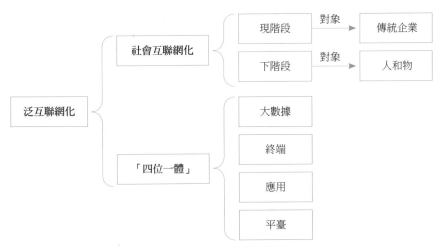

圖 1-10 泛互聯網化的表現

在泛互聯網化形勢下，大數據、終端、平臺和應用四個方面成為盈利的主要來源。其中，泛互聯網化是獲得大數據的重要管道，換而言之，大數據的發展也進一步的促進社會向泛互聯網化邁進。

1.2 移動互聯網概述

移動互聯網，即移動通訊與互聯網的結合。由此可見，其包含兩個必備要素：一是移動通訊技術；二是互聯網技術。具體來說，是指結合移動通訊技術與互聯網技術、平臺、商業模式和應用並利用它們在現實生活中進行實際運用的總稱。

在這裡，主要從三個方面對移動互聯網做簡單介紹，如圖 1-11 所示。

圖 1-11 移動互聯網概述

1.2.1 移動互聯網的現狀

移動通訊技術是種先進的科學技術，而互聯網則被譽為 20 世紀最偉大的發明，兩者的技術結合，對社會發展產生了極大的影響，可以說它們的結合顛覆了既有世界的認知，從而成就了一個新時代的誕生—移動互聯網時代。

在這一新時代下，人們可以透過移動互聯網來處理生活中各方面的需求，如圖 1-12 所示。

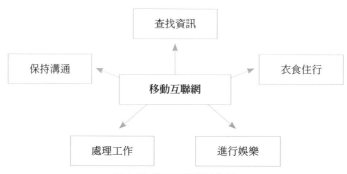

圖 1-12 移動互聯網的應用

從圖 1-12 中可看出移動互聯網在各領域的迅速發展，而大數據所謂的「大」是縱向上演變、發展和橫向上累積的結果，具體能從四個方面進行分析，如圖 1-13 所示。

圖 1-13 移動互聯網的發展現狀

其具體內容分述如下。

1. 多元化的應用場景

隨著移動互聯網以及 4G 網路的發展，移動應用場景呈現多元化的發展趨勢，涉及生活中的各個方面，如圖 1-14 所示。

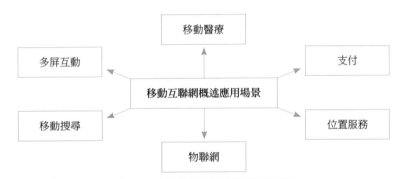

圖 1-14 多元化的移動互聯網應用場景

由於移動互聯網應用場景的多元化，在各平臺的整合之下，使各場景得以融合，這一變化使移動終端用戶生活各方面的需求逐漸走向即使移動亦可不受限制的趨勢，完全移動化的實現指日可待。

2. 多樣化的行銷方式

在現今的時代，移動終端用戶日益增多，加上移動終端產品技術逐漸成熟，使產品的行銷方式呈現出了多樣化的特徵，如 APP 應用、移動定位服務（LBS）、二維碼、微信等以及它們之間各種形式組合的行銷方式。針對這些行銷方式本章將分章說明。

3. 蓬勃發展的商務市場

移動終端產品的廣泛應用特別是智慧手機的普及，其承載的各種資訊和服務也逐漸發展成熟，不僅與傳統商業模式並駕齊驅，有些領域甚至更勝一籌，由此衍生出的移動商務市場所帶來的商業價值可說是非常巨大的。

4. 發展中的移動互聯網用戶

移動互聯網用戶的發展主要表現在兩個方面：一是移動互聯網用戶市場規模增大；二是移動互聯網用戶規模占比持續增高。以中國移動互聯網用戶為例，如圖 1-15 所示。

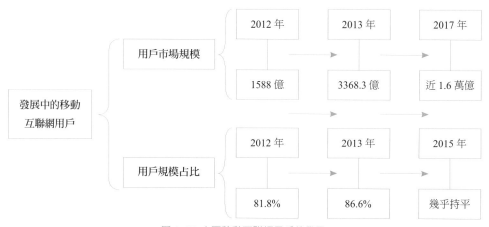

圖 1-15 中國移動互聯網用戶的發展

1.2.2 移動互聯網入口

互聯網入口，是指連結人與資訊的一個通道，移動互聯網入口可以說是移動用戶進入移動互聯網的通道，具體是指通過移動網路獲取資訊和服務的第一站。它是企業和商家在移動互聯網行銷中取得競爭優勢的根源所在。目前的移動互聯網入口有搜尋模式、移動瀏覽器應用、APP 應用商店和移動廣告。

1. 搜尋模式

搜尋是互聯網的一個主要入口，但其在移動互聯網中還沒有形成規模，主要原因有三：第一，其市場還不成熟；第二，專用的 APP 可以省去搜尋的步驟；第三，搜尋資訊輸入的局限性等。

基於上述原因，移動互聯網急待創新來解決當前問題。而用戶使用移動互聯網所進行的搜尋一般都是針對位置的即時搜尋，目前移動終端上的許多應用都已涉及搜尋功能，因而隨著移動互聯網用戶市場的進一步發展和用戶需求的增加，未來移動互聯網的搜尋應用將進入加速期。

2. 移動瀏覽器應用

碎片化是移動互聯網應用的一個主要特徵，在此種情形下存在的瀏覽器缺少互聯網瀏覽器包羅萬象的氣勢，自然也造成其在應用上的減少，但是隨著移動互聯網用戶市場的成熟以及與之相關方面的發展，這種情形在逐漸改善，如圖 1-16 所示。

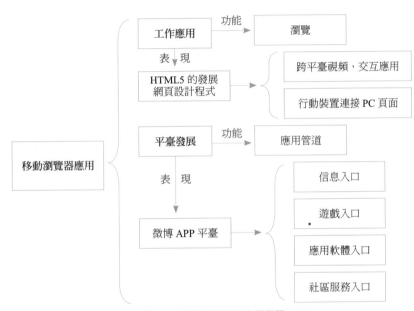

圖 1-16 移動瀏覽器的應用發展

3. APP 應用商店

在 APP 應用程式中，其通道是雙向的，移動終端和用戶可以向對方傳送服務或資訊，從而解決了瀏覽器的單向通道問題並實現了互動。但是這種互動也存在應用上的弊端，如圖 1-17 所示。

圖 1-17 APP 應用過程中的弊端

4. 移動廣告

在目前的無線廣告市場上,廣告業者各自為政,造成資源的極大分散,市場的成長和成熟還需一段時間,而想要到達這一目的,必須聚合多個廣告平臺的角色,實現無線廣告聚合平臺,從而形成規模效益。只有在此種情形下,才能真正形成規模化的移動互聯網入口。

1.2.3 移動互聯網的行銷模式

移動互聯網的應用已經涉及生活的各個方面,其中蘊含的商業價值同時也受到了商家和企業的廣泛關注,關於移動互聯網行銷模式的探索已經成了業界的熱門話題。具體來說,移動互聯網的行銷模式主要有四種,如圖 1-18 所示。

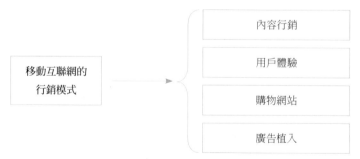

圖 1-18 移動互聯網的行銷模式

1. 內容行銷

內容一直是一個非常重要的元素。在移動互聯網行銷中,內容也是如此,其中,「有態度」網路行銷的核心觀點中就包含「內容行銷」這一項。所謂的「內容行銷」

（content marketing），是指利用文字、圖片等介質把企業的相關內容傳送給用戶以增強他們對產品的信心，從而促進銷售的行銷方式。

在內容行銷模式中，企業的品牌 APP、LOGO、網站、廣告等都是內容行銷的載體，可以根據它們的特性而選用合適的傳遞介質，但在傳遞過程中必須注意核心內容的一致性。

2. 用戶體驗

在企業行銷之中，客戶一直是必要因素也是關鍵因素。同樣的在移動互聯網行銷中，企業同樣關注用戶體驗。在這一過程中，企業在 APP 應用商店內發佈適合自身定位的 APP，移動終端用戶可以透過下載來瞭解相關企業資訊，這種行銷模式被稱為「用戶體驗模式（User experience model）」。

它是一種具有很強的實驗價值的行銷模式，如圖 1-19 所示。

圖 1-19 用戶體驗行銷模式的實驗價值

3. 購物網站

在網上購物越來越盛行的今天，移動互聯網的行銷日益重要。商家和企業紛紛開發自己的 APP 投入到移動互聯網購物網站上，提供用戶即時瀏覽商品資訊和其他相關資訊，增加曝光機會以促進行銷。購物網站 APP 傳送的行銷模式具有快捷、內容豐富的優勢，有利於開啟移動購物的全方面服務。

4. 廣告植入

廣告在對產品進行宣傳的同時，也會引起客戶的厭煩情緒，因而必須改變廣告的宣傳方式，選擇用戶可以接受的方式以達到行銷目的變為一項重要課題。在移動互聯網的行銷模式中，逐漸摒棄直接捆綁所有廣告的傳統手法，改為只植入與消費者有關的廣告。

關於廣告植入，在移動互聯網上的形式是多樣的，如圖 1-20 所示。

圖 1-20 移動互聯網行銷的廣告植入

1.3 移動大數據概述

大數據、移動互聯網這兩個概念，都是目前時代的趨勢。那麼結合這兩者的「移動大數據」又將有著怎樣的奧秘和時代光環照耀呢？接下來將解密新時代裡移動大數據的面貌。

1.3.1 移動大數據的含義

什麼是移動大數據？本書將透過對這概念進行拆解來做進一步認識，如圖 1-21 所示。

圖 1-21 移動大數據的認識

移動互聯網在社會的應用過程中一定會產生各種數據，這些數據量無疑是龐大的。透過對這些數據的分析、處理和應用，又將給社會各行業的發展提供正確的指引方向。換句話說，移動大數據是指以移動互聯網為媒介，從移動用戶終端的應用過程中獲取的巨量的數據流，並在合理的時間內對其進行管理、處理和分析，使之成為能為人類解讀數據資訊的總稱。

1.3.2 移動大數據的獲取

在移動大數據環境下，數據具有碎片化、非結構性和價值密度低的特徵，需要我們對其進行分析和整合，才能變成有用的數據。而這種分析和整合必須在有效的策略指導下才能分析出正確有用的數據。這些策略主要包括三個方面，即入口掌控、平臺搭建和資源交流。

1. 入口掌控

水流總有源頭和盡頭，同樣地，數據流也有其源頭和流向，只要掌握數據來源的源頭和入口，想要依序獲取移動大數據將變得簡單許多，而網路供應商則具有這方面的天然優勢，不僅掌控源頭掌握第一手數據，在終端側滙聚數據量，並控制數據流向，所以他們當然對於入口掌控的策略更能得心應手，如圖 1-22 所示。

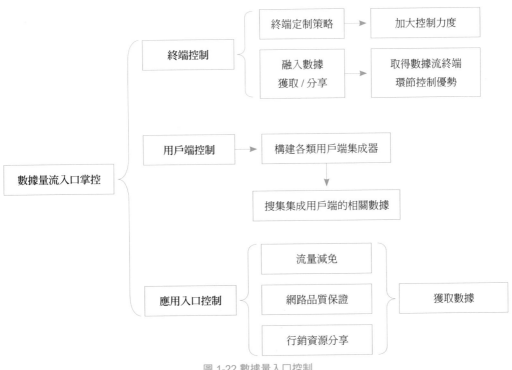

圖 1-22 數據量入口控制

2. 平臺搭建

龐大的數據需要一個夠大的空間，透過搭建足夠乘載巨大數據的平臺，網路供應商只要對平臺上承載的數據量進行管理和分析，就能成功獲得移動大數據所帶來的利益。而這些平臺的搭建可利用移動互聯網上的各種業務來完成，如圖 1-23 所示。

圖 1-23 移動大數據獲取的平臺搭建

3. 資源交流

分享是移動互聯網的資訊特徵,企業本身在無法獲取該行業完整數據流的情形下,可以與網路供應商合作,採取數據資源交流的策略,從而提高企業數據的豐富與多樣性。

1.3.3 移動大數據下的行銷改變

移動互聯網時代,也是「大數據」時代。精準行銷是在移動大數據的環境下,是企業和商家所追求的一致性目標,也是移動行銷方式和目標改變的起點,如圖1-24所示。

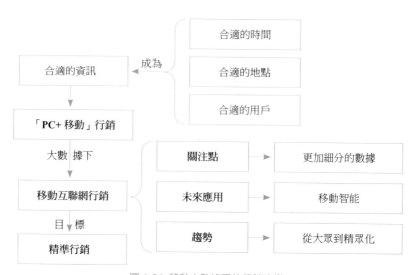

圖 1-24 移動大數據下的行銷改變

1.4 塊數據概述

在移動大數據浪潮下，大致政府與企業，小至每個終端機上的個體，除了享受大數據所帶來的裨益之外，它們自身也形成各自的數據流，這些數據流在各行業和各領域內的解構、交叉和融合，形成塊數據的雛形。

1.4.1 塊數據的概念和產生

所謂「塊數據」，是指在一個物理空間或行政區域內所涉及人、事、物等各類數據的總和。

相對於塊數據，條數據則是指某個行業或領域呈鏈條狀串起來的數據，如企業有自身的「企業條數據」，科學技術也有其各領域自身的「學科條數據」等。

由此可見，條數據是各領域或行業獨立的數據，它們缺乏橫向間聚合的優勢。對於條數據的缺點主要表現在以下三個方面。

（1）割裂的數據量。上面已經提到，各條數據之間是沒有融合的，它們所包含的量和資訊成為一個個「數據孤島」，無法提供跨行業、跨學科和跨部門的綜合資訊，自然也無法發揮其潛在應用和商業價值。

（2）數據孤島所造成的資產壟斷。條數據是數據孤島，數據不夠全面造成資訊壟斷。條數據不利於數據流的開放與流動，因為這樣的壟斷，這些數據量的資產價值只能體現在局部上，難以發揮出最大綜合效能所應用的價值。

（3）條數據使企業預測失真。條數據是局部有限區域內的數據量總和，不具備全面性的參考和分析價值，根據這樣的數據得出的分析結論，自然無法保證其科學性，不僅可信度降低，預測失真的情況更加難以避免了。

為了解決條數據所存在的缺陷，因而發展出相互間融合的道路，也就是在區域內建立網路的「高速公路」。惟有在網路「高速公路」系統的資訊平臺下，才能實現各部門、各行業和各學科間的數據資訊綜合的整合，逐步促進區域內的塊數據形成。

1.4.2 塊數據的特點

根據政府、企業和個體的條數據，再進行解構、交叉和融合等過程之後所形成的塊數據有以下的特點，如圖 1-25 所示。

圖 1-25　塊數據的特點

關於塊數據的特點，具體內容如下。

1. 相互關聯性

塊數據的產生，關係著移動互聯網大環境下的用戶（人）、平臺（物）等要素，而社會要素也造成塊數據的相互關聯性。這種關係表現在人與人、人與物、物與物、人與組織等方面，且塊數據的各種關係的關聯性直接影響了塊數據的資訊量大小和應用價值的高低。

2. 更新速度快

在現代社會中，資訊的更新是社會獲得發展的一個重要因素，而更新速度更直接影響數據本身的價值。在資訊發達的今日，隨時都有新事物吸引甚至影響著消費者，所以不難想像塊數據中數據更新速度的重要性與關聯性。另外，資訊更新主要表現在兩個方面：一是新的數據不斷產生；二是新產生的數據與現有資料在各部門、各行業、各學科中不斷的融合，形成新的數據。且這兩種形式的塊數據更新是即時的，而且持續在進行著。區域內的塊數據更新之後，同時推動著更大區域內的更新，最終完成大數據這一最大「塊數據」的及時更新。

3. 數據資源的開放性

想要實現塊數據的資源整合就必須保證數據資源的開放性，只有在開放性的數據資源基礎上才能確保塊數據資源整合的科學性。對各類條數據進行解構、交叉和融合是達成塊數據的前提，而其中最重要的是各部門、各行業、各學科等的數據能夠分享和交換，建立起數據的共享機制，進而達成塊數據的完整，以提高數據本身的價值。

在分享機制上，透過分析和綜合建立起來的塊數據必然也加入共享機制中，一方面，以便形成更大區域內的塊數據；另一方面，實現數據資源的價值回饋，讓企業、組織、個人等以常態化方式讀取或利用這些綜合性數據，經過整合後使數據的價值更加提高。

1.4.3 塊數據的應用範圍和應用價值

塊數據的相互關聯性、更新速度快和數據資源的開放性等特點決定了其具有比條數據更大的應用價值，如圖 1-26 所示。

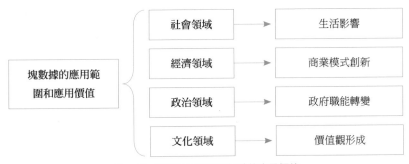

圖 1-26 塊數據在各應用領域的應用價值

在應用範圍和應用價值方面。塊數據的表現具體如下。

1. 社會領域的生活影響

在社會領域內，塊數據的應用前景非常廣闊，其產生的影響自然也是全方面和多領域的，且將大幅度地改變人們的生活。

「言」是一個人生活中的主要內容之一。例如，在塊數據應用的環境下，人們的輿論可以在互聯網上反映出來，相關部門對輿論數據進行解構和分析，並在得出結論的基礎上做出回應。透過這一過程，人們的生活將在更大程度上得到滿足和達到社會和諧，這就是塊數據在社會領域的價值。

另外，塊數據還能透過對社會各方面每個人數據的記錄與分析，瞭解人們的服務需求，預先做出判斷，並集中在一個平臺上提供服務，極大地提升保障能力和範圍，實現各種需求的「一站式」服務。

2. 經濟領域的商業模式創新

塊數據是各分散的條數據經過解構與整合而來的，透過其結論可以綜合分析出用戶個人的消費愛好、消費習慣和收入水準等等因素，從而實現精準定位和精準銷售。在這一過程中，商業模式也發生了改變，主要體現在兩個方面，如圖 1-27 所示。

圖 1-27 塊數據應用的商業模式改變

3. 政治領域的政府職能轉變

塊數據具有綜合性的特性，一方面使政府可以達到高效能、優質化的運行，完成其工作模式的升級過程；另一方面，基於數據的服務將成為政府的主要服務模式，它們將引導數據的公開和分享，並在這一過程中更全面地推動各職能部門的社會服務品質。

4. 文化領域的價值觀形成

塊數據的分享和開放模式首先對文化領域產生了巨大影響，推動著文化，讓社會文化資源走向分享和透明、公開的方向發展。

另外，基於塊數據的全天候、全方位的記錄和分析，人們將更加注重自身言行是否一致，形成一種無形的制約，達到社會誠信文化的良善風氣。

其實，塊數據對於文化領域的影響是多角度和多方面的，它在全領域上實現對文化發展的全面促進和推動，從而促進人們正確價值觀的形成。

探本溯源，採擷與
解讀移動大數據

　　體量龐大的大數據，不是指利用數據的簡單聚合，而是指對巨量數據的採擷與分析，並在觀察後做出預測，這才是利用大數據的關鍵。經過採擷整合的移動大數據應用能催生新的商業模式，在客戶資源的維護與開發上更是具有得天獨厚的優勢，這些都有利於大數據核心價值的實現。

探本溯源，採擷與 解讀移動大數據	採擷移動大數據
	移動大數據的行銷解讀
	移動大數據的採擷與管理

2.1 採擷移動大數據

移動大數據是客觀存在的，企業和商家應該學會如何去採擷數據，把它們變成自身的資訊資產並從中獲取商業價值，這是移動大數據採擷的目的和意義所在。

2.1.1 移動大數據採擷的含義

在移動互聯網的應用中所產生真實的、大量的、有雜訊的、隨機的數據來源，需要從中提取隱藏其中具有潛在價值的資訊和知識，這一數據處理的過程就是移動大數據採擷。

這定義有四個層面的含義，如圖 2-1 所示。

圖 2-1 移動大數據採擷的含義理解

數據採擷所提取的資訊和知識可以提供多種用途，如資訊管理、查詢優化、決策支援等，甚至還可以作用於數據本身，為其提供維護的依據。如此來說，數據採擷是一門交叉學科，移動互聯網下的數據採擷更是如此，如圖 2-2 所示。

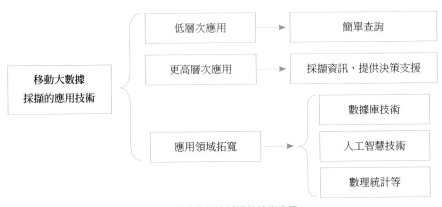

圖 2-2 移動大數據採擷的技術應用

2.1.2 移動大數據採擷的基礎設施

在移動互聯網時代，利用大數據的分析、處理而達到對資訊的掌控，是企業和商家搶占先機的關鍵所在。想要完成數據的資訊提取，針對碎片化、可擴展性的數據採擷的基礎設施是不可或缺的。移動大數據採擷的基礎設施由四個方面組成，如圖 2-3 所示。

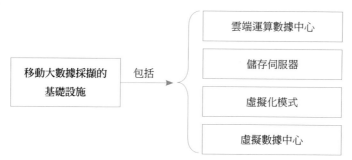

圖 2-3　移動大數據採擷的基礎設施

關於移動大數據採擷的基礎設施，具體內容如下。

1. 雲端運算數據中心

雲端運算數據中心是傳統數據中心發展的結果，在雲端運算的背景下，它也是新的業務需求、資源利用模式、資訊中心三者完美的結合，還是企業進行大數據資訊採擷的重要平臺和重要的基礎設施，如圖 2-4 所示。，

圖 2-4　雲端運算數據採擷中心的特點和價值

2. 儲存伺服器

在移動大數據採擷過程中，儲存是其中非常重要的一環，因為大數據龐大的體量使得其無法用傳統的伺服器和 SAN（Storage Area Network，簡稱 SAN，指儲存區域網路）方法來進行儲存，這就需要建立一個大數據儲存專用平臺，例如利用 Hadoop 平臺完成處理。

在 Hadoop 平臺，用戶可以在不瞭解數據分散式底層細節的情況下，充分利用集群的特性進行高速運算和儲存，如圖 2-5 所示。

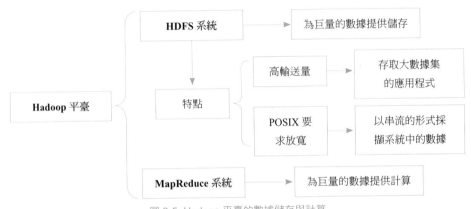

圖 2-5 Hadoop 平臺的數據儲存與計算

其實，大數據的儲存主要是考慮其處理能力和儲存容量的可擴展性，在這一方面，有三種方法可以解決移動大數據的儲存問題，如圖 2-6 所示。

圖 2-6 移動大數據儲存方法和記憶體

3. 虛擬化模式

上述提到的 Hadoop 平臺是利用分散式架構對大數據進行分析和處理，它是所有大數據解決方案中最具成長性的平臺。但是 Hadoop 平臺成本昂貴，讓許多企業卻步，因而發展出全面虛擬化的解決方案，藉以解套移動大數據的困難情境。如圖 2-7 所示。

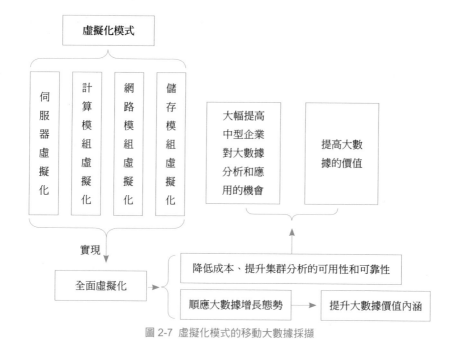

圖 2-7　虛擬化模式的移動大數據採擷

4. 虛擬數據中心

相對於以上三種移動大數據所採擷的基礎設施來說，虛擬化的網路同樣具有其優勢，如圖 2-8 所示。

圖 2-8　虛擬數據中心的移動大數據採擷

2.1.3　各行業移動大數據的來源

在移動互聯網時代，大數據無處不在，其來源也是多樣化的，包括用戶個人、企業組織、社會團體、政府部門等各個方面。而在經濟快速發展的當今社會中，每一個市場的資料都是移動大數據的主要來源，換而言之，他是包含各行業的移動大數據。

以數據來源的形式來看，在各行業都佔據相當大比例的傳統文本資料是目前最大的數據來源，但它也是目前結構化程度最低的數據來源。

相較於其他形式的數據來源，它們各來自不同的行業，如圖 2-9 所示。

圖 2-9 各行業的移動大數據來源

各行業的移動大數據來源的具體內容如下

1. 電信行業

主要用於社群的電信行業在執行社群網路分析的過程中就已經對龐大的數據量進行了處理，因此，基於電信行業的社群網路數據本身就是一種移動大數據來源。

2. 車險行業

在車險行業內，移動大數據的來源主要是依據汽車內置的感測器與黑盒子所收集和掌握的相關資訊數據，即車載資訊服務數據，包括汽車資訊諸多方面，如圖 2-10 所示。

圖 2-10 車載資訊服務數據的內容

3. 銷售業

基於 LBS（移動定位服務）等的發展和移動終端用戶的增加，時間和位置的資訊一直隨時在增加與更新，如圖 2-11 所示，用戶使用移動終端能在地圖上查看到自己所在的位置。

圖 2-11 手機地圖的定位功能

隨著定位技術的進步，企業也意識到了移動終端用戶的位置與時間方面等數據，對企業本身的策略發展具有相當程度的影響，於是企業開始嘗試從用戶那裡收集有關用戶的時間和位置等方面的相關資訊，在收集資訊的同時，企業即開始進入大數據的領域，其中銷售業方面的移動大數據就可藉此被收集並加以分析與處理了。

4. 零售製造業

在零售製造業內，所產生的移動大數據主要是由無線射頻辨識系統（RFID）所造成的數據。其中 RFID 在零售業中最重要的一個應用就是資產追蹤。 在這一過程中，猶如商品標籤一樣，可以透過位置的轉移、時間的變更等來獲取相關數據。其他的應用如圖書館、食品安全溯源等方面所獲取的數據，也是相同的原理。

5. 博彩行業

博彩行業的籌碼追蹤是另外一種特殊的 RFID 應用，能準確地獲得玩家的賭注數據和其他相關的如積分方面的數據等，這些總稱為籌碼追蹤數據，也是移動大數據的組成部分。

6. 視頻遊戲

在視頻遊戲中，遙控數據是指用來捕捉遊戲活動狀況的資訊，也是移動大數據的來源之一。之所以稱為遙控數據，是因為藉由遊戲遙控技術來獲取的數據資訊，利用這一技術收集移動大數據有著明顯的個性特徵，如圖 2-12 所示。

圖 2-12 視頻遊戲的移動大數據來源

2.2 移動大數據的行銷解讀

　　移動大數據提供的雖然只是數據資訊，但這些數據資訊卻是市場行銷中提供企業精準服務的前提。那麼，企業根據移動大數據該如何應用在市場行銷中，以滿足客戶需求，精準服務到顧客，並使其滿意呢？接下來，將從三個角度來解讀應用於行銷的移動大數據，如圖 2-13 所示。

圖 2-13 移動大數據的行銷解讀

2.2.1 移動大數據的行銷價值

　　移動大數據的龐大體量和處理、分析得出的資訊資源，為商業市場的發展帶來了新的機會。不僅它形成了新的行銷模式；從市場主體—企業來說，它在鞏固既有客戶的忠誠度、開發新客戶、研發新產品與業務三個方面發揮了作用。

1. 形成新的行銷模式

　　在移動大數據環境下，發展出與傳統商業完全不同的行銷模式。就如常見的零售商店來說，它從對整體的經營狀況下，進行促銷和庫存的規劃，並發展到針對客戶的個性化行銷計畫，均有別於傳統行業的行銷模式。基於移動大數據的資訊源，形成了六種商業行銷模式，如圖 2-14 所示。

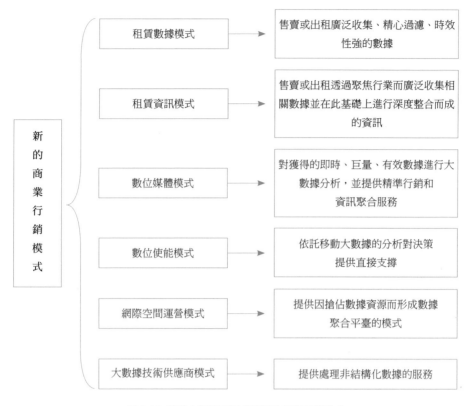

圖 2-14 移動大數據下形成的新的商業行銷模式

2. 鞏固既有客戶的忠誠度

在現在的市場行銷策略中，新客戶的開發是市場人員關注的目標，但有數據顯示公司的 80% 利潤實際上是來自於 20% 的既有客戶。因此，鞏固既有客戶的忠誠度對於市場行銷來說同樣也是必要的。

移動大數據能夠為用戶忠誠度的分析提供必要的數據支撐，如圖 2-15 所示。

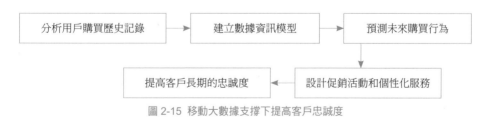

圖 2-15 移動大數據支撐下提高客戶忠誠度

3. 開發新客戶

移動大數據除了能利用其資訊資源鞏固既有客戶忠誠度的成功應用基礎上，同樣

也能為透過移動大數據來開發新的客戶資源，如圖 2-16 所示。

圖 2-16 移動大數據環境下新客戶資源

4. 創新產品與業務

移動大數據的商業應用不僅表現在對現有產品和業務的優化上，同時也表現在對新業務的發掘上。透過大數據的分析，從巨量的數據中找到創新的產品和業務的亮點，掌控新產品或新業務的市場現狀和發展前景，洞悉先機，成功獲得新產品和業務創業的機會，如美國三藩市 SeeChange 公司創建的健康保險模式、還有創業公司 Retention Science 發佈的數據分析及市場策略設計的平臺等。

2.2.2 移動大數據的行銷契機

在移動互聯網環境下，各行各業的數據量均經歷了等比級數的增長。在這些巨量數據中，無數機會充斥其中，企業紛紛進行大數據採擷，找尋新的商業契機。其主要表現在兩個方面：一是移動大數據的處理和分析；二是移動大數據的應用。

1. 移動大數據的處理和分析

關於目前的巨量數據，其本身就是一項巨大的資訊產品，可以自成為一條完整的產業鏈。企業在這一方面的契機將全部圍繞大數據展開，如圖 2-17 所示。

圖 2-17 移動大數據產業鏈

在這一數據產業鏈中，除了每個環節都蘊藏著巨大的商機之外，甚至就連為企業分析數據提供行銷策略的諮詢行業也是一個新興的商機。

　　由此可見，數據產業鏈中，最源頭的數據採擷不是一蹴而就的，且數據量一直在增長，使得採擷不易。所以在數據產業鏈中，掌握著大量有價值的數據來源，對企業來說是一個非常重要的發展方向。而電信供應商就是其中一類，如圖 2-18 所示。

圖 2-18　電信營運商在數據採擷行銷的前景

2. 移動大數據資訊的應用

　　相較於傳統數據而言，移動大數據的優勢為：龐大的數據量、豐富與多樣性的數據類型、數據來源極為廣泛三個方面，在這樣的數據量中獲取的數據資訊無疑是更具綜合性和科學性的，所以對於企業來說，移動大數據的應用具有極大的商業價值。

　　在移動大數據時代下，大數據將對於未來企業的商業價值決策發揮重要的作用。利用移動大數據平臺的數據資訊，企業可以提高洞察力並做出正確決策，從而獲得競爭優勢，特別是移動互聯網從業者，如圖 2-19 所示。

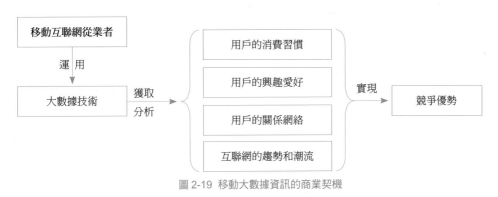

圖 2-19　移動大數據資訊的商業契機

2.2.3 移動大數據與商業智能

商業智能（Business Intelligence，BI）是一個基於商業經營決策依據來說的概念，它是指透過對企業現有數據的整合，能夠快速、準確地提供數據資訊並提出決策依據，其核心和最終目的是使企業做出明智的經營決策。關於商業智能的具體內容，如圖 2-20 所示。

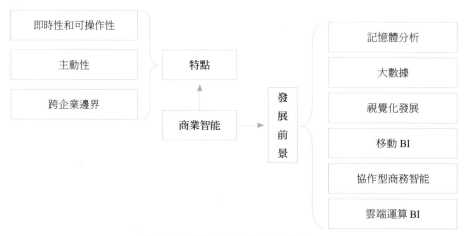

圖 2-20　商業智能的特點和發展前景

商業智能是一個用來處理數據並將其轉換成知識和結論，從而輔助決策者做出決定的工具。從中可以看出，數據是商業智能解決方案中的最基礎的部分。在移動大數據時代，商業智能進一步蓬勃發展，如圖 2-21 所示。

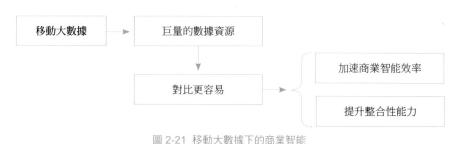

圖 2-21　移動大數據下的商業智能

2.3　移動大數據的採擷與管理

前面已經對移動大數據的數據採擷做過簡單基本的介紹，以下是針對如何去採擷與管理大數據做一番說明。

2.3.1 移動大數據的採擷過程和方法

移動大數據環境下，數據採擷是發現和萃取數據庫知識的一個重要步驟，也是一種深層次的數據分析方法。具體來說，是指從巨量數據中透過演算法提取隱藏其中的資訊和知識的過程，他包含兩個重要的元素：一是演算法；二是過程。

從數據採擷的演算法來說，有多種演算法，如 C4.5 演算法、K-Means 演算法、支援向量機演算法、Apriori 演算法、PageRank 演算法、最大期望演算法等。

數據採擷是圍繞數據來源而展開的探索過程，其具體演算法模型如圖 2-22 所示。

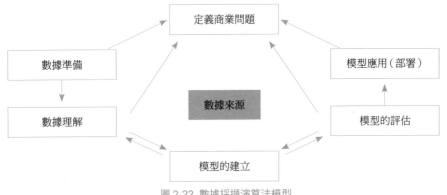

圖 2-22 數據採擷演算法模型

從數據採擷的過程層面來說，包括三個階段，即數據準備、數據採擷、結果表示，如圖 2-23 所示。

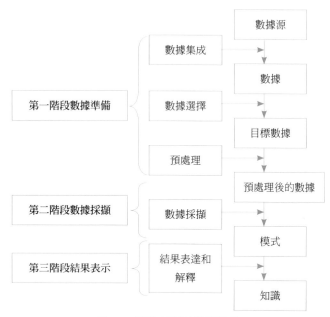

圖 2-23 移動大數據採擷的過程

在移動大數據的採擷過程中，總會涉及一些方法的應用，常用的有六種，分別為分類模式採擷、關聯確定採擷、聚類分析採擷、回歸分析採擷、特徵分析採擷和Web 採擷等。

（1）分類模式採擷法。分類模式採擷法是最常用的移動大數據採擷方法，具體如圖 2-24 所示。

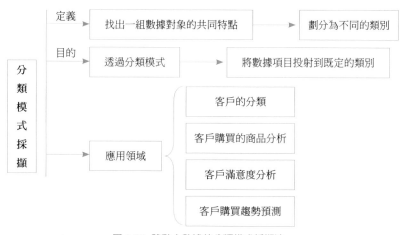

圖 2-24 移動大數據的分類模式採擷法

（2）關聯確定採擷法。關聯確定採擷是指找出隱藏的數據項目之間的關係規則的採擷方法，主要應用於客戶關係管理中，其過程如圖 2-25 所示。

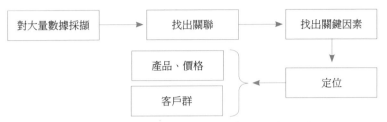

圖 2-25 數據關聯確定採擷的客戶關係管理應用過程

（3）聚類分析採擷法。聚類分析採擷是一種極具探索性的數據採擷方法，具體內容如圖 2-26 所示。

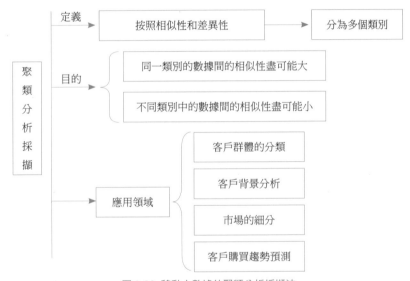

圖 2-26 移動大數據的聚類分析採擷法

（4）回歸分析採擷法。在移動大數據裡設定多種變數，找出之間的定量關係，具體內容如圖 2-27 所示。

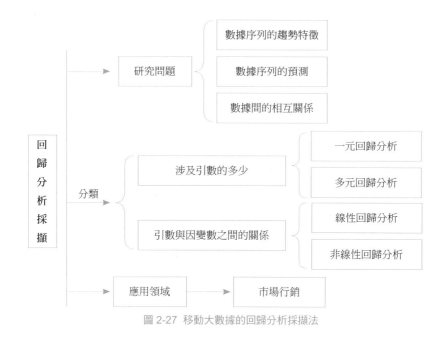

圖 2-27 移動大數據的回歸分析採擷法

　　另外，特徵分析採擷是根據數據個體分析出總體數據特徵的採擷方法；而 Web 採擷方法則是對移動 Web 上的巨量數據進行採擷方法，其也是應用於辨別、分析、評價和管理危機的採擷方法。

2.3.2 移動大數據的管理

　　移動大數據環境下，在移動互聯網應用的快速發展下，隨之而來的是數據量的劇增，在這種情形下，對數據量進行有效管理已經迫在眉睫。關於數據管理，具體內容如圖 2-28 所示。

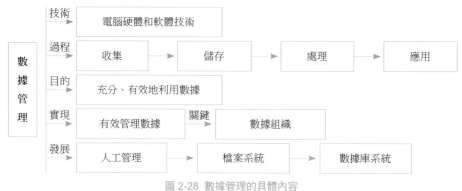

圖 2-28 數據管理的具體內容

2.3.3 移動大數據的採擷與管理案例

在現實生活中，大數據的應用已經逐漸普及，移動大數據也是如此。現今已有許多透過移動大數據的採擷掘與管理來進行實際情況處理的案例，在這裡透過它們來體驗一下移動大數據的具體應用吧。

1. 【案例】可口可樂：「昵稱瓶」的由來

2013 年夏天，宅男、天然呆、吃貨、喵星人、愛走族、大咖、純爺們、文藝青年、技術男、小蘿莉、積極分子等 22 種流行語出現在了可口可樂的包裝上，瞬間吸引了大家的關注，如圖 2-29 所示。

人們不禁要問：這些流行語是怎樣選擇和定位的呢？其實這還應歸功於移動大數據的採擷與管理的應用，如圖 2-30 所示。

圖 2-29 可口可樂「昵稱瓶」

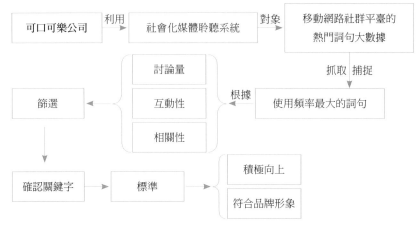

圖 2-30　可口可樂「昵稱瓶」流行語篩選

2.【案例】58 同城：租房資訊的媒合

58 同城是一個定位於本地社區的免費分類資訊服務的網站，這個網站幫助人們解決生活和工作中遇到的問題，如徵聘、租房、二手物品交易等資訊的發佈都可以透過其旗下的 APP 來查看。

以租房為例，移動終端用戶可以查看上面發佈的出租房資訊，同時 58 同城能根據用戶的搜尋和瀏覽痕跡等數據資訊進行數據採擷與管理，適時地向用戶推薦合適的資訊與服務。關於租房，其具體步驟如下。

步驟 01　進入 58 同城主介面，可以看到「房產」選項，點擊進入「房產」介面，會顯示各種房產資訊，如圖 2-31 所示。

圖 2-31　58 同城「房產」選項介面

步驟 02　選擇進入所要查看的房屋類別，點擊「租房」選項，進入「租房」
介面，如圖 2-32 所示。

圖 2-32　「租房」介面

步驟 03　移動終端用戶可以在「租房」介面上挑選合適的資訊進行查看，還可
以根據附加條件進行選擇，如房子結構情況等，如圖 2-33 所示。

圖 2-33　設置附加條件的「租房」介面

步驟 04 假如用戶認為房屋合適，可以點擊進入查看房屋的資訊，還可以透過螢幕下方的電話直接進行聯繫，如圖 2-34 所示。

圖 2-34 房屋資訊詳情

在移動大數據時代，58 同城透過上述類似資訊發佈和用戶登錄，聚集了大量商品、服務和用戶數據，透過對它們的採擷與管理，掌握用戶喜好和需求，從而為用戶提供優質的服務，同時也為大陸當地商家提供資訊交流的地方，如圖 2-35 所示。

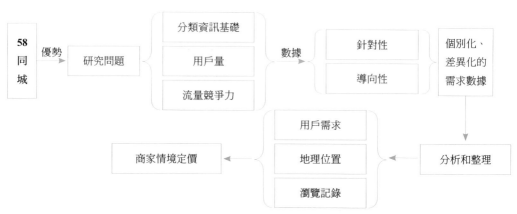

圖 2-35 58 同城的移動大數據的採擷與管理應用

以上兩例都是移動大數據的採擷與管理的應用。從中可以發現，移動大數據的採擷與管理所產生的巨大作用，能為企業帶來革新與商機。

瞄準目標，定位客戶的移動大數據

第 3 章

篩選客戶，定義客戶是移動大數據模式下實現精準行銷的首要工作。

只有在實現客戶精準定位的基礎上，提升客戶體驗，最大限度地滿足客戶需求，才能達到快速、有效、精準的行銷目的。

瞄準目標，定位客戶的移動大數據	分析客戶行為
	實現客戶定位
	改善客戶體驗

3.1 分析客戶行為

在移動大數據環境下，想要達到的精準行銷的目標，首先需要對客戶這一市場主體進行全面解析，其中客戶的各種行為是進行分析的依據所在。從客戶行為出發，利用特定的客戶行為分析工具，發現客戶的個性和共性特徵，反過來還可以對客戶這種行為產生的影響因素做深刻的剖析，以上這些都是實現客戶精準定位並精準行銷的必要過程。

3.1.1 分析客戶特徵

想要分析客戶的行為特徵，首先應根據他們的消費行為對客戶類別歸屬有一個大致的瞭解。從行銷的角度來說，客戶可以分為四類，即經濟型客戶、道德型客戶、方便型客戶和客製化客戶，如圖 3-1 所示。

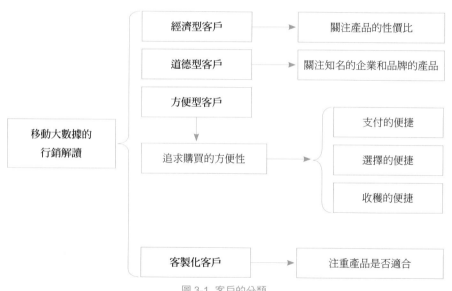

圖 3-1 客戶的分類

在移動大數據環境下，移動終端用戶並不等同於移動終端客戶，用戶可以稱為潛在客戶，想要讓用戶變為客戶，還需市場行銷的發展。因此，這裡所說的「客戶」包含現有客戶和潛在客戶，從而客戶的行為特徵分析也包含兩個方面。

1. 現有客戶的行為特徵分析

在銷售者眼裡，現有客戶的消費行為已經形成固定的消費習慣。移動大數據分

析這些消費習慣，找出特定因素，例如讓客戶維持習慣的因素，拉攏客戶的心。

針對消費者的習慣進行分析，是種長久、極具前景的策略分析。習慣一旦養成就很難改變，因此消費行為在經過分析之後自然是非常具有針對性和導向性的。

例如人們的飲食習慣，在口味、食量、食物選擇等方面正常情況下是少有改變的。服飾上也是如此，有人喜歡緊身的，有人喜歡寬鬆的；有人喜歡淑女的，有人喜歡簡單樸素的，也有人習慣典雅的，而這些都是可以透過消費者平時的消費行為中所發現的消費習慣。因此，對消費者的消費習慣進行分析，對客戶目標定位有著極大的作用。

關於客戶的行為習慣分析，具體內容如圖 3-2 所示。

圖 3-2 客戶的行為習慣與客戶定位

在這一方面，寶潔公司的「甜睡系列」的開發即是典型代表，如圖 3-3 所示。

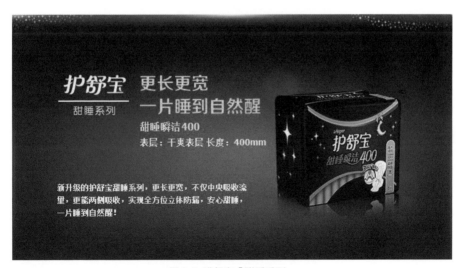

圖 3-3 護舒寶「甜睡系列」

寶潔公司透過對年輕女性的行為習慣分析和客戶定位分析，對產品做相應開發和生產，取得了良好的效益，如圖 3-4 所示。

圖 3-4 寶潔公司「甜睡系列」客戶定位

2. 潛在客戶的行為特徵分析

潛在客戶在此主要是針對目標消費群體而言的，是企業產品的主要消費人群。因此，對目標消費群體進行行為特徵的分析，正是企業客戶定位的主要方式，更是企業切實抓住客戶的基本需求、迅速鎖定目標客戶的有效方式，如此一來，才能完全實踐「銷售銷到需求上」的商業法則。

對目標消費群體的特徵分析可細分為多個向量，包括性別特徵、年齡特徵、職業特徵、風格特徵、場景特徵等。

（1）性別特徵。企業進行目標消費群體特徵分析和客戶定位時，首先要確定的目標，具體內容如圖 3-5 所示。

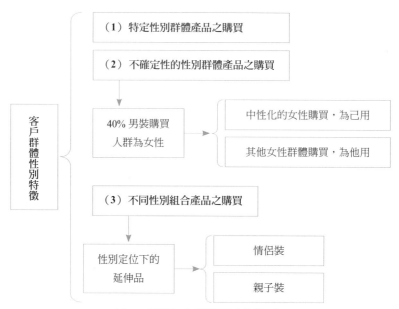

圖 3-5 目標客戶群體性別之特徵分析

（2）年齡特徵。人們的消費行為在年齡特徵上表現較明顯，這是由於他們的收入來源和消費能力所決定的，如圖 3-6 所示。

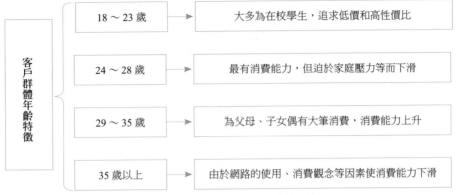

圖 3-6 目標客戶群體之年齡特徵分析

（3）職業特徵。不同職業的目標消費群體也應該對其進行分析，因為不同職業的消費群體也有著差異化的消費行為特徵，如圖 3-7 所示。

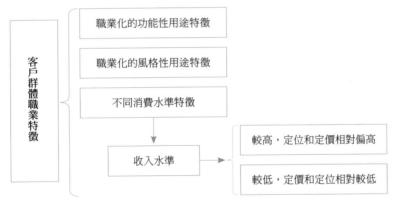

圖 3-7 目標客戶群體職業特徵分析

（4）風格特徵。風格特徵包含兩個方面：一是產品本身的風格；二是目標客戶群體的風格需求。目標客戶群體的審美觀念的差異，導致他們對不同風格的需求，其結果就是對產品本身的風格差異做出不同的消費選擇。

（5）情境特徵。處於不同情境中的目標消費群體所需要的商品不同，於是有了產品情境進行分類。如在辦公環境和家居環境下，目標客戶群體對商品在功能性、觀賞性、舒適度和實用性等方面的選擇就會明顯不同，消費者更傾向於選擇切合實際的產品。

3.1.2 客戶行為分析工具

在移動大數據環境下，對客戶行為的分析必須仰賴這一資訊載體才能完成，而不像現實生活中那樣透過察言觀色的方式來獲得。對數據這一資訊載體，從未加工和未整合的數據來源上是無法準確、快速地做出判斷的，這就需要一些必要的數據分析工具來支撐這一工作的完成。常見的針對大數據的客戶行為分析工具有五類，即 Userfly 動作記錄器、ClickTale 行為分析記錄器、MouseFlow 滑鼠追蹤器、MixPanel 平臺和眼動儀。

1. Userfly 記錄器

Userfly 是網頁訪客動作記錄器，可以記錄網頁訪客從打開網頁到關閉的動作行為，並透過視頻方式錄製下來，從而提供重播和下載服務。關於其記錄的客戶行為，如圖 3-8 所示。

圖 3-8 Userfly 對網頁訪客行為的記錄

2. ClickTale 記錄器

ClickTale 是一個可以準確追蹤網站訪客的操作並對其訪問網站的體驗進行研究和分析的工具，如圖 3-9 所示。

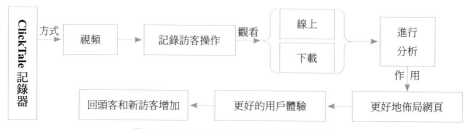

圖 3-9 ClickTale 的訪客行為記錄和分析過程

3. MouseFlow 追蹤器

MouseFlow 追蹤器是一款線上分析工具，主要是透過追蹤訪客的瀏覽習慣和滑

鼠操作，以獲取網頁訪客的關注範圍和操作習慣，基於此種情況下的網頁優化將有著極大的實踐依據，如圖 3-10 所示。

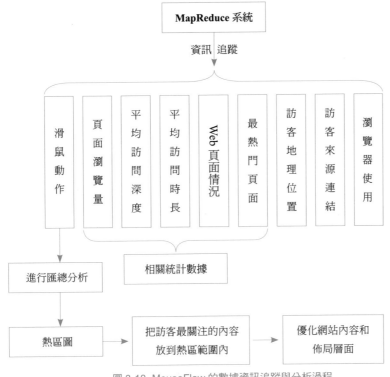

圖 3-10 MouseFlow 的數據資訊追蹤與分析過程

4. MixPanel 平臺

MixPanel 是一家數據追蹤和分析公司，主要是針對郵件的統計分析，如圖 3-11 所示。

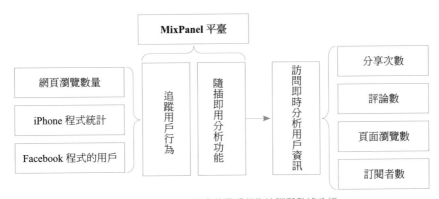

圖 3-11 MixPanel 平臺的用戶行為追蹤與數據分析

5. 眼動儀

人們在觀看網頁或其他事物時，總會有些眼睛聚焦的點，這些點可能連用戶自己都沒有注意到，而透過眼動儀卻能準確地記錄下來，並透過圖文加以分析。

移動互聯網可以透過對眼動儀記錄下來的數據進行分析，獲取用戶在其中眼睛停留較長的資訊的具體情況。於是在資訊投入時，想要被用戶最大限度地接收到，移動互聯網管理人員可以把資訊投入到用戶最願意用眼睛去觀察和閱讀的位置。如此一來，透過用戶的行為特徵分析來實現對用戶的行為預測，並在預測中找到目標消費人群的關注焦點，以實現精準行銷的目的。

3.1.3 分析影響客戶行為的因素

總而言之，不同的消費者有著不同的消費習慣，這些習慣是難以改變的。然而從個人消費行為的具體情況來看，卻是有著差異性的，他們的消費行為總是受各種因素的影響和制約。影響消費者行為的因素包括生理、心理、自然環境和社會環境四類。

1. 生理

生理方面指的是由於生理方面的原因導致的客戶行為的改變，如糖尿病患者忌甜食、手術後忌辛辣食物等，具體內容如圖 3-12 所示。

圖 3-12 改變客戶消費行為的生理因素

2. 心理

心理方面指的是因為心理層面的如喜悅、擔憂等感覺帶來的消費行為的產生或改變。如人們看到一些符合自己心意、符合生活需要，從而發生的消費行為。又如人們聽到關於某產品的一些不利、有害的消息時，即使這些消息的真實性還有待查證，也會影響客戶的消費行為，特別是在當今科學技術發達的情況下，各種假冒、仿造產品以及食品領域有害化學物質的使用，都使人們對產品的品質有著各種質疑，而不願意購買。

3. 自然環境

人們生活在自然環境中，衣食住行等方面都受到自然環境方面的影響，自然環境因素是影響客戶行為最常見的因素。就拿「衣」來說，同一時間南北氣候相差很大，因而也導致穿著的不同，有時完全是冬與夏的區別，這對於那些經常出差的人來說，是出行必須要考慮的因素，也因此導致了消費行為有所改變。

4. 社會環境

在自然環境方面一定的情況下，社會環境方面對消費行為的影響是無時無刻的，這是出於對客戶長期定位的關鍵因素考慮。影響客戶消費行為的社會環境因素包含甚廣，具體來說，主要包括四個方面，如圖 3-13 所示。

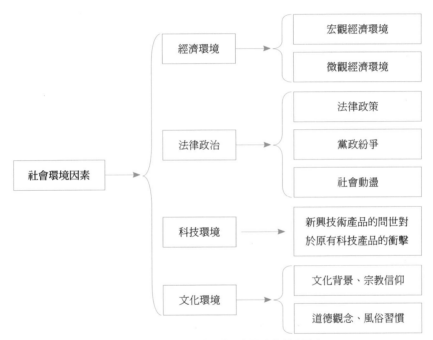

圖 3-13 影響客戶消費行為的社會環境因素

3.2 實現客戶定位

在暸解客戶的行為特徵、移動互聯網客戶行為分析工具、影響客戶行為的因素之後，接下來要考慮的就是如何利用移動大數據對客戶進行篩選和定位。

3.2.1 目標客戶篩選的原因和依據

目標客戶篩選是落實客戶目標精準定位的基礎和前提，在開始進行目標客戶篩選之前，首先需要對目標客戶篩選的原因和依據進行瞭解。

1. 目標客戶篩選的原因

在移動大數據環境下，儘管有分析得出客戶群的存在，但是要對客戶實現精準定位，對目標客戶進行篩選必不可少，其原因主要表現在三個方面，如圖 3-14 所示。

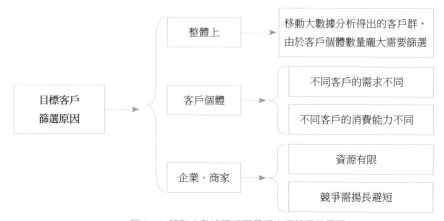

圖 3-14 移動大數據環境下目標客戶篩選的原因

2. 目標客戶篩選的依據

目標客戶篩選的依據是指目標客戶是否具備我們所設定的基本條件。只有在具備一定條件下被篩選出的移動大數據下的客戶群體，才有成為企業或商家未來客戶的可能性，這些基本條件如圖 3-15 所示。

圖 3-15 目標客戶篩選的基本條件

3.2.2 目標客戶篩選的方法和實現

關於目標客戶的篩選，需要考慮四個方面的問題，即目標客戶篩選的原因、依據、目標客戶篩選的方法和實現。上一節已經對前兩者做了介紹，接下來主要介紹篩選的方法和如何落實。

1. 目標客戶篩選的方法

在確定了目標客戶篩選的基本條件的基礎上，需要決定運用怎樣的方法去進行目標客戶篩選。正確、合理的方法才能幫助企業、商家快速找到有價值的、符合自身的客戶，主要方法有三種，具體內容如下。

（1）與上架產品相符的相關客戶選擇。這是在產品生產時就考慮到的因素，而目標客戶的篩選首先就利用這一基礎來進行，這就是人們所說的「門當戶對」的商業理念。

如企業生產的是普通的生活用品，其目標客戶就是一般民眾；企業生產的是高價位產品，其目標客戶則是擁有消費能力較高的顧客。

（2）雙向選擇。其實企業（商家）與客戶之間是一種雙向選擇的關係，因此企業在篩選目標客戶時，需要對雙方都進行具體分析，如圖3-16所示。

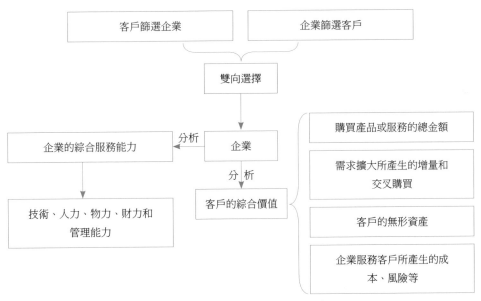

圖 3-16 目標客戶篩選的雙向選擇分析

（3）忠實客戶中的篩選。企業在進行目標客戶的篩選時，除了開發新的客戶資源之外，還可以對現有客戶進行篩選，進一步增加產品和服務方面的銷售量。

2. 目標客戶篩選的實現

目標客戶篩選工作在考慮其原因、依據和方法的前提下已經準備就緒，接下來要做的是如何去把篩選工作落實，從而完成篩選任務。本書認為，其結果可以透過以下四種方式來獲得。

（1）他人介紹。這是基於銷售方的社會關係來說的，其效果比較明顯，狀況較穩定，具體如圖 3-17 所示。

圖 3-17 透過他人介紹的目標客戶篩選

（2）定向廣告和資訊發送。這是一種透過向目標客戶進行資訊發送的篩選，具體過程如圖 3-18 所示。

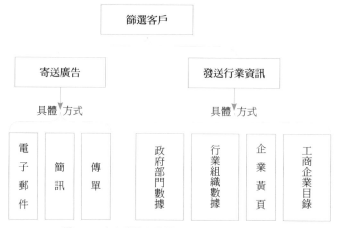

圖 3-18 定向廣告和資訊發送的目標客戶篩選

（3）社群網路。在移動大數據時代，業務員可以透過移動終端網路的社群網路，如臉書、微信、微博、騰訊 QQ 等瞭解資訊，進行目標客戶的篩選。

（4）同業資訊交換。在同一個行業內，除了良性競爭外，透過資訊分享，使行業加速發展，最後走向成熟與穩定。潛客戶資源的互換就是資訊分享的一個表現。這也是目標客戶篩選實現的方式之一。

3.2.3 客戶定位方法

在移動大數據環境下，關於客戶資訊的大數據分析，是對客戶精準定位的必要途徑。移動互聯網具有收集大量數據的技術，大數據技術則能夠對這些被收集的數據做進一步的整合分析，結合了兩者的移動大數據，得以共同實現客戶精準定位，如圖 3-19 所示。

圖 3-19 移動大數據的用戶者精準定位分析

在移動大數據環境下，要經過對數據的收集、利用與分析後，才能準確的進行客戶定位。這種分析的數據來源是龐大的、種類多樣的，且更新速度極快，若想要實現客戶精準定位，必須在對客戶消費行為和消費習慣進行分類整合後進一步進行細分和資訊更新，其具體內容如下。

1. 目標客戶群體的二次細分

目標消費群體是一個大的集體範疇，經過目標客戶的篩選過程後，仍需在具體的精準的客戶定位中進行仔細甄選，確定最可能的目標。這就需要對範圍較大的目標客戶群體進行二次細分，如圖 3-20 所示。

圖 3-20 目標客戶群體的二次細分

圖 3-20 所示的「首要關注族群」是指在總體目標客戶群體中具有最高消費潛力的消費者，當然，他們也具有消費的意願。這類消費者在四種情形下表現明顯，如圖 3-21 所示。

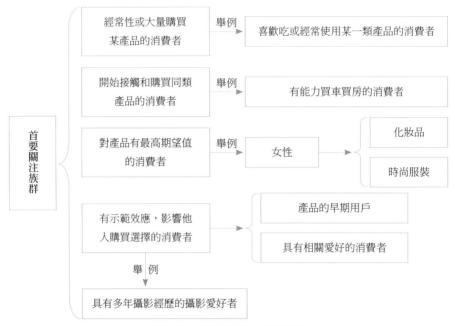

圖 3-21　首要關注對象的四種類型

　　次要關注族群，是指能為產品創造重要消費機會的消費者，他們不一定符合企業的戰略發展目標，但卻能在合適的時機下為企業創造銷售機會。

　　市場影響力族群，是指在企業的行銷手段影響下，偶然購買甚至最終成為固定購買群體的消費者。他們的消費能力、消費水準和消費意願並不很強，其消費行為是受銷售手段影響的偶然行為，因此他們也是處於總體目標客戶群體內消費能力最弱的族群。

2. 動態調整

　　動態調整是市場競爭和產品更新換代的結果下的客戶定位方法。

　　客戶在形成一定的消費習慣的同時，也有嘗試新產品、新事物的消費需求，因此企業在維護原有客戶（群）和在進行新產品推廣時，對客戶定位隨實際情況做出調整是有其必要性的。本書認為，做好動態調整是保證客戶精準定位最終結果的重要途徑。

3.3 改善客戶體驗

客戶體驗（Customer Experience），即客戶在產品使用過程中建立的一種純主觀感受。客戶的這種主觀感受影響到客戶對產品購買意願，因而改善客戶體驗是促進產品銷售的重要手段。不僅如此，客戶體驗的改善也能促進公司不斷完善其產品和服務。

其實改善客戶體驗，本質上就是為客戶提供方便，在移動大數據環境下，提升客戶體驗有其必要性和可能性。

3.3.1 客戶體驗的重要性

在移動互聯網時代，資訊技術改變了傳統的工作方式。透過移動互聯網可以更加輕鬆、容易、快速地找到客戶，但是想要留住客戶，體驗就成了相當重要的手段。

特別是在移動互聯網產業中，客戶體驗受到了極高的重視，就連手機營業廳的名稱都做了改變，有很多變成了「4G 體驗廳」，如圖 3-22 所示。由此可見，客戶體驗受到很大的重視，並能從名稱上直接掛上「體驗」中可窺得一二。

圖 3-22 中國移動「4G 體驗廳」

客戶體驗是客戶使用產品後的最直接感受，透過這種感受來決定客戶個人對產品品質、性能和服務好壞的判斷。在移動互聯網上，客戶的流失相對於傳統商業環境來說更具有隱蔽性和不確定性。這種隱蔽性和不確定性往往是因為他們在網站或搜尋引擎中產品傳送的相似性和客戶不經意的一下點擊所造成的。假如客戶能在其

中切實體驗產品和服務，這種流失就極可能避免。因此，這種情形下的企業對客戶體驗提升的重視和關注將產生重要的影響，如圖 3-23 所示。

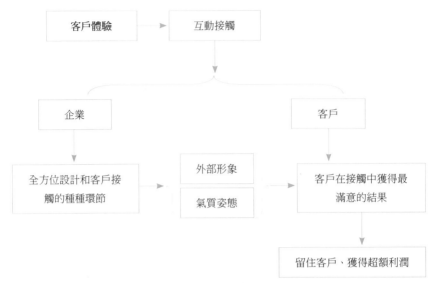

圖 3-23 客戶體驗的「互動接觸」

　　客戶體驗除了在客戶資源的開發上留住潛在客戶外，還能提高既有客戶的忠誠度。如著名的搜尋引擎「百度」就是一個典型的例子。它具有強大的採擷能力和記錄能力，能夠幫助用戶找到其自身的搜尋痕跡，為後續應用提供幫助，從而方便用戶使用，提升其消費體驗。

3.3.2 移動大數據提升客戶體驗

　　客戶體驗其最終結果體現於客戶對產品的滿意度上。所謂「客戶滿意度」是指客戶在使用產品的過程中，對產品產生了主觀的感受與客戶對產品期望相比較後所得的指數，簡單來說，就是客戶體驗與客戶期望的差異程度。

　　在移動大數據環境下，企業可從四個方面考慮客戶滿意度，從而提升客戶體驗。

1. 產品或服務的價格

　　客戶體驗的滿意度受到產品或服務的價格高低影響，但價格高低並不是以客戶的意志為轉移。在這種情況下，透過移動大數據，企業可以對客戶能接受的產品或服務的期望值進行分析，根據大部分客戶能接受的價格區間，在單位商品價格不變的條件下，透過調整產品數量，最大限度滿足客戶消費需求，從而提升客戶體驗。

2. 消費者的心情

客戶的心情是影響其對產品或服務的滿意度的重要因素之一。企業無法洞察消費者的心情，但可以透過大數據的分析，為消費者提供周到、細心的服務和與需求相符的產品，這在一定程度上改善了消費者的心情，同時也改善了客戶的消費體驗。

3. 客戶活躍度

企業可以透過對客戶活躍度的數據分析，為處於活躍中的客戶提供與之相關的產品或服務，提升客戶體驗。同時，對流失客戶進行分析，找出原因並提供業者解決辦法，從產品和服務這一客戶體驗的載體上解決根本問題。

4. 客製化服務

在用戶需求多樣化的今天，促使企業更深入地去瞭解客戶，而在移動大數據環境下的企業恰好具備了這一條件，企業將有更多的機會去瞭解客戶，從客戶的消費習慣、消費水準到消費需求都能從數據資訊中得到，而產品和服務有了更好的延伸和更大的價值，客製化服務也逐漸佔領市場，如圖 3-24 所示。

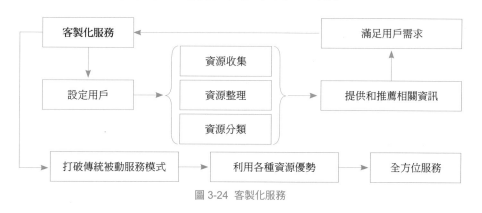

圖 3-24　客製化服務

3.3.3　社群網路的客戶體驗提升

隨著移動互聯網技術的發展，社群網路的存在形式更加多樣化，它雖然給人際交往帶來方便、迅速和擴大化等優勢外，卻也帶來了負面影響，如人與人之間的網路資訊信任危機有進一步加大的趨勢，社群網路發佈的資訊的不確定性和虛假性等都是現在的網路交友中普遍存在的問題。下面就以網路婚戀交友為例，闡釋移動大數據產生的影響。

在現今社會中，網路婚戀交友已經成為走進婚姻的一種方式。但其中網路交友

對象的「可靠」程度已經成為當前網路交友的最大難題。針對這一問題，大陸交友網站世紀佳緣就推出名為「可靠度」的查詢，如圖 3-25 所示。

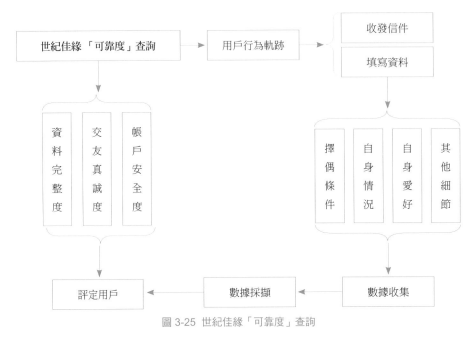

圖 3-25 世紀佳緣「可靠度」查詢

透過其「可靠度」的過濾，世紀佳緣會的評定將更具真實性，會員在使用時可信度較為提高。這是大數據下的社群網路的特定發展，刷新了客戶體驗。

3.3.4 娛樂傳媒的客戶體驗

移動互聯網不僅對社群網路的發展產生影響，在娛樂傳媒業同樣也得到了廣泛的應用。現今利用移動終端來觀看影片、欣賞音樂等功能的用戶越來越多，所使用的時間也越來越長，各種影片軟體都可以在移動終端上找到其相應應用。PPTV 聚力網路電視就是其中一類。

PPTV 聚力有著領先同業的用戶量，所以 PPTV 聚力擁有超大量的影片。整體來說，大數據的精準行銷是離不開數據分析，而龐大的用戶量數據為廣告平臺提供了一個非常盛大的舞臺，利用龐大的移動大數據的研究，選定方法之後，精準地推出適合情境的廣告，從而得到用戶的青睞，這就是移動大數據在娛樂傳播媒體上的應用。如圖 3-26 所示。

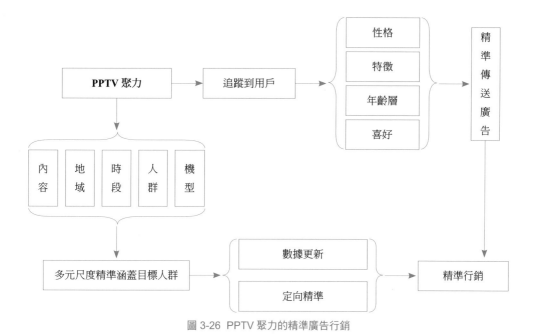

圖 3-26 PPTV 聚力的精準廣告行銷

　　PPTV 聚力基於精準行銷而對用戶的數據分析和廣告傳送，在一定程度上是「客製化、個人化、多元化和差異化」的精準行銷的落實，打造了一幅智能客製化用戶體驗的新藍圖。

智能投入，行銷精準
的移動大數據

第 4 章

　　基於內容的行銷永不落幕的情形下，利用大數據的整合革新行銷新理念正在成為行銷模式發展的趨勢。

　　以大數據為驅動機制的精準行銷，客戶精準定位，移動終端的資訊精準傳送，成就移動互聯網時代的行銷新模式。

	移動大數據下的精準行銷概述
智能投入，行銷精 準的移動大數據	移動大數據下的精準行銷方法
	移動大數據精準行銷案例

4.1 移動大數據下的精準行銷概述

無論是對目標客戶群體的篩選，還是客戶的精準定位的實現，甚至是提升客戶體驗，其最終目的都是針對目標客戶實行精準的產品行銷。精準行銷是大數據行銷的最終目的。

4.1.1 精準行銷的含義

所謂「精準行銷」即在實現客戶精準定位的基礎上，以現代資訊技術為手段，建立個性化的企業或商家與消費者之間的溝通服務體系，達到企業可衡量的低成本、達到最大效果的行銷理念。

具體來說，精準行銷思想有三個層面的含義，如圖 4-1 所示。

圖 4-1 精準行銷的含義

相對於傳統的市場行銷模式，精準行銷活動有三個方面的特點，如圖 4-2 所示。

圖 4-2 精準行銷的特點

總體來說，精準行銷是綜合性行銷，要達到精準行銷需用到以下知識和技能。

- 數據分析。
- 行銷策劃。
- CRM 管理。

- 專案活動管理。
- 傳播途徑有效性測評等。

　　由上可知，移動大數據環境下的精準行銷是一個知識的集合。站在知識集合角度上的精準行銷，體現了行銷的深層寓意和核心思想，如圖 4-3 所示。

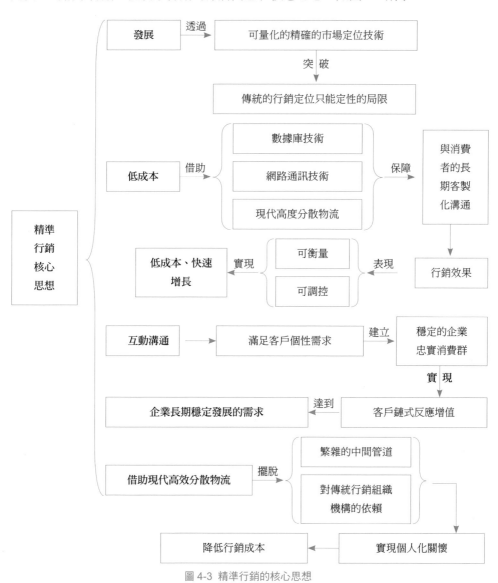

圖 4-3 精準行銷的核心思想

4.1.2 精準行銷的前提

　　隨著移動大數據的發展，成本高、效果慢的傳統行銷方式逐漸被基於大數據的、高性價比的精準行銷方式所取代的。它是一種實現產品到客戶的更精準的、可衡量的行銷方式。歸根究底，精準行銷也包含產品和客戶兩個關鍵要素，客戶精準定位和產品有效宣傳是實現精準行銷的前提。在第 3 章已經針對精準行銷進行了具體的闡述，在此主要瞭解以下產品宣傳精準行銷的前提。

　　關於產品宣傳，主要從三個方面來進行，如圖 4-4 所示。

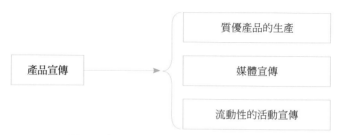

圖 4-4　產品宣傳的精準行銷的兩大前提之一

　　關於精準行銷產品宣傳，其具體內容如下。

1. 優值產品的生產

　　客戶購買某一產品，必須考慮兩個因素：一是需要買，二是值得買。在產品需求已經確定的情況下，客戶的消費行為很大一方面取決於產品。企業做好產品生產，一方面能夠促進客戶消費行為的發生，另一方面也能夠樹立企業的品牌形象，做好隱性宣傳。產品品質的好壞是精準行銷的目標能否實現的基礎和前提，如圖4-5所示。

圖 4-5　企業的優質產品生產

2. 媒體宣傳

　　在互聯網和移動互聯網發展的情形下，企業透過媒體進行產品宣傳已經成為常態，並且這種宣傳隨著移動互聯網技術的普及應用而遍及各個資訊角落。在這種強

而有力、範圍極大的宣傳下，企業產品能夠被更多的人認識和瞭解，在產品品質有保證的前提下，客戶自然就會進行消費行為了。

3. 流動性的活動宣傳

如果企業產品的媒體宣傳是一種廣而化之、無法完全落實的宣傳方式，那麼流動性的活動宣傳在針對性上就有了具體目標—具體的區域和消費人群。企業品牌透過這種方式深入消費群體，讓消費者切實瞭解企業產品，從而實現精準行銷。

總體來說，客戶精準定位和產品有效宣傳是實現精準行銷的前提，也就是說，圍繞客戶和產品展開的精準行銷，其關鍵在於產品從企業到客戶的轉換，如圖 4-6 所示。

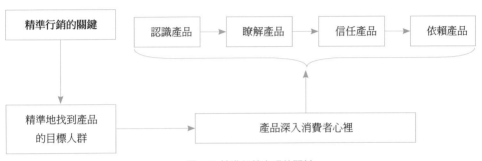

圖 4-6 精準行銷實現的關鍵

4.1.3 精準行銷的資訊置入和推廣

在精準行銷理念中，產品要有效宣傳需要注意的關鍵因素是產品資訊的置入和推廣，唯有在實現精準置入和推廣的前提下，企業產品才能達到有效宣傳的效果，精準行銷才有實現的可能。

在產品資訊置入過程中，首先要瞭解相關市場訊息，對移動大數據環境下的相關數據資訊進行瞭解和分析，這些資訊主要包括四個方面，如圖 4-7 所示。

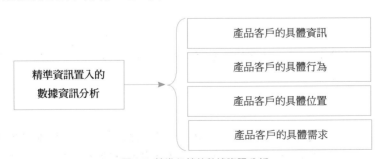

圖 4-7 精準行銷的數據資訊分析

圖 4-7 中，對於客戶的數據做分析，是針對被精準定位後的客戶又再一次具體分析的過程。在這一基礎上的數據資訊分析，為產品資訊置入提供了具體目標和方式。其實它也是產品資訊置入的一般過程中關鍵的一步，唯有如此，後續的企業產品資訊精確置入之後才能達到有效的行銷。如圖 4-8 所示為精準行銷的產品資訊置入的一般過程。

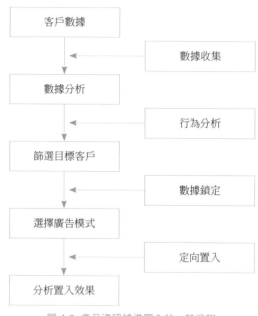

圖 4-8　產品資訊精準置入的一般過程

關於產品資訊精準投入的一般過程，其具體內容如下。

1. 客戶數據資訊收集

　　這裡所說的客戶數據，是指企業已經生產的產品，預測其潛在的最大消費情形下的客戶資訊，即針對自己的產品分析有可能成為對產品進行消費的客戶數據資訊。

2. 客戶數據資訊分析

　　這裡的客戶數據分析，是指加上對客戶的行為的分析，即不同的客戶對產品資訊的接受方式、範圍等。

3. 客戶篩選

　　這裡的客戶是指經過在客戶精準定位之後被篩選出的客戶，也就是企業產品最有可能的第一批消費者，企業將以他們為突破點來進行精準行銷，因而在進行資訊

置入前，有必要對將要置入資訊的目標客戶進行篩選。

4. 廣告模式選擇

在現實生活中，不同的人所接觸的生活內容、範圍等都存在差異性，因此在進行廣告置入時，這是必須要考慮的因素之一。想要讓企業產品達到精準行銷，有必要針對重要客戶群的不同類別選擇合適的廣告置入模式，實現企業產品的廣告資訊精準投放。

5. 置入效果分析

在廣告置入後，還有一個後續的工作是必需的，即廣告置入的效果分析，如圖4-9所示。

圖 4-9　產品資訊精準置入效果分析

在對企業產品進行資訊精準置入時，有一個廣告模式的選擇和推廣過程。移動互聯網的發展帶來的是廣告置入和推廣模式的多樣化，其中常見的資訊置入和推廣模式有四種，如圖 4-10 所示。

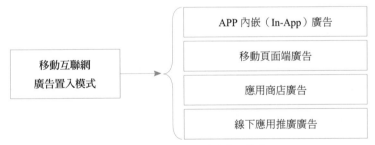

圖 4-10　移動互聯網廣告置入模式

現今社會的廣告模式眾多，如何利用移動互聯網的眾多網路空間，而科學置入產品資訊是目前廣告置入要思考的主要問題之一。

科學地置入產品資訊，是指對所有數據、技術進行有機整合和利用的過程，其主要包括三個方面的內容，如圖 4-11 所示。

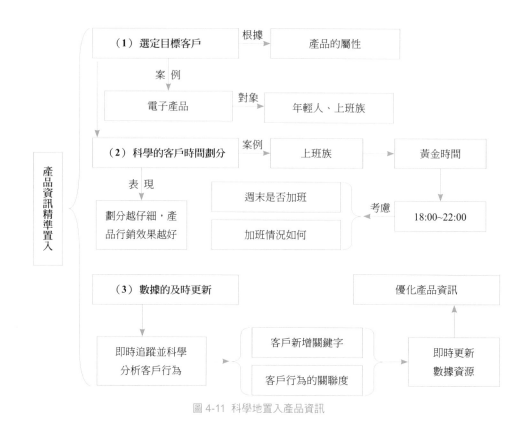

圖 4-11 科學地置入產品資訊

4.1.4 精準行銷的依據和方式

在移動大數據時代，企業根據用戶透過移動終端所進行的活動，例如上網、通訊等相關行為，分析出客戶的需求、喜好、消費能力、消費水準等情況。所以移動終端用戶的各種行為是移動大數據精準行銷的重要依據。

目前，透過移動終端獲取用戶需求和行為的方式主要有四種，分別為移動通訊、瀏覽相關網頁和 APP 搜尋、關鍵字搜尋和移動社群網路等。

1. 移動通訊

移動終端用戶的通訊行為是直接透過用戶自身的言行而反映客戶需求的方式，相關企業可以透過客戶各種通訊行為的頻率、通訊物件和各種移動查詢等來判斷和獲取客戶的需求。

2. 瀏覽相關網頁和 APP 搜尋

相對傳統網路而言，移動互聯網更具有即時性，因而也與客戶的即時需求更具

有相關性，透過移動終端的網頁瀏覽和 APP 搜尋更能體現用戶的需求，並即時提供相關產品資訊，能更好地實行精準行銷。

3. 關鍵字搜尋

搜尋也是能直接反映客戶需求的客戶行為。企業能利用客戶的關鍵字搜尋痕跡，不僅能找出企業符合的產品，同時也能確定目標客戶。

4. 移動社群網路

隨著智慧手機的普及，移動社群網路的應用也越來越廣泛。透過客戶在臉書、微信、微博、騰訊 QQ 等上面的活動內容來判斷客戶的需求和行為也是實行精準行銷的主要依據之一。

4.2 移動大數據下的精準行銷方法

如果說企業品牌宣傳是實現精準行銷的基礎前提，那麼正確的精準行銷方法是企業做好品牌宣傳、實現企業效益的重要方式。關於企業產品精準行銷的方法主要有五類，如圖 4-12 所示。

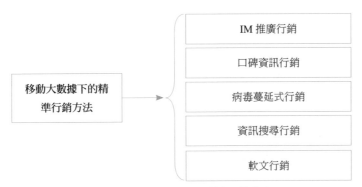

圖 4-12 移動大數據下的精準行銷方法

4.2.1 IM 推廣行銷

IM 行銷就是即時通訊行銷。企業利用即時通訊工具，進行產品和品牌推廣，從而實現目標客戶擷取和轉化的網路行銷方式。

IM 工具按照其屬性的不同可分為四類，如圖 4-13 所示。

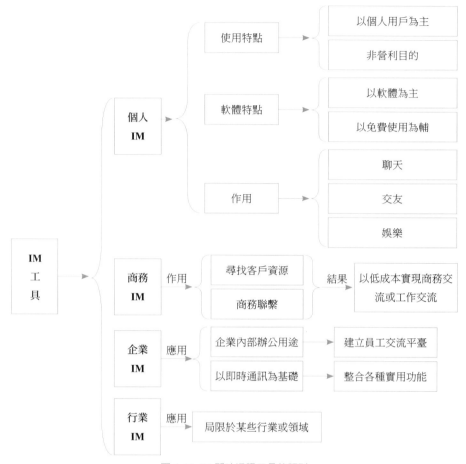

圖 4-13 IM 即時通訊工具的類別

IM 行銷的使用情況主要有兩類，如圖 4-14 所示。

在對 IM 工具種類和 IM 行銷情況有了瞭解的情況下，接下來要對於 IM 行銷進行說明。關於 IM 行銷，主要有 5 個步驟，如圖 4-15 所示。

1. 設置企業基本資料

企業的基本資料設置是一個基礎的工作，其主要包含兩個方面：一是 IM 工具上名字的設置，名字最好是辨識度高，最好直接採用企業或品牌名稱，達到對企業或產品的即時推廣。二是頭像的設置。在照片的選用上，當然也可以直接採用產品商標或企業標識，如此一來可以更容易地喚起客戶消費時潛意識裡的產品聯想。

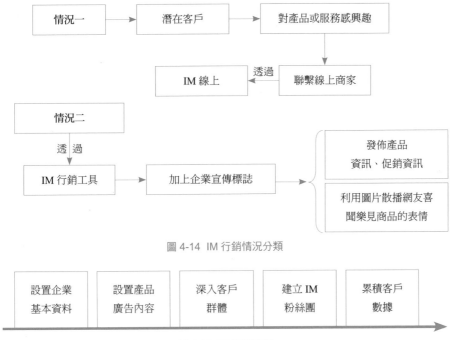

圖 4-14 IM 行銷情況分類

設置企業基本資料　設置產品廣告內容　深入客戶群體　建立 IM 粉絲團　累積客戶數據

圖 4-15 IM 行銷步驟

2. 設置產品廣告內容

在產品廣告內容的設置方面，其語言要求是最精簡的，其內容資訊需要能表達出產品的名稱和特色等。如農夫山泉的廣告內容：天然的弱鹼性水。 7 個字包含了「天然的」和「弱鹼性」兩個最重要的產品資訊。

3. 深入客戶群體

企業須展現親民、深入客戶群體中，與客戶群融為一體，才能提高銷售量，如圖 4-16 所示。

圖 4-16 IM 行銷深入客戶群體的作用

4. 建立 IM 粉絲團

想要把客戶統一聚集，建立屬於自己的 IM 粉絲團很有必要，這樣除了能凝聚消費力外，從而能更好地執行精準行銷。

5. 累積客戶數據資訊

想要制訂出精準的行銷方案，就必須長時間累積客戶數據，從客戶需求和企業產品提供全方面考慮行銷的所有過程。

4.2.2 口碑行銷

口碑行銷，顧名思義就是一種基於企業品牌、產品的口碑資訊方面的行銷方式。在移動互聯網時代，口碑資訊行銷更多的是指企業品牌、產品在移動網路上的口碑行銷。關於網路口碑資訊行銷，如圖 4-17 所示。

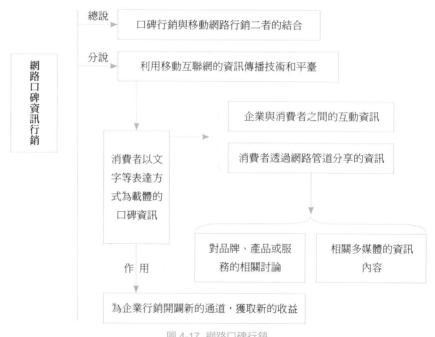

圖 4-17 網路口碑行銷

隨著移動互聯網的迅速發展，網路口碑行銷利用移動網路的傳播快速、定位精準等優勢逐漸受到企業的重視。這是因為在移動大數據環境下，網路口碑資訊行銷一方面能利用互聯網平臺的數據資訊，另一方面又具有實現精準行銷的自身的特點，如圖 4-18 所示。

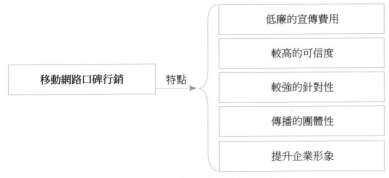

圖 4-18 移動網路口碑行銷的特點和優勢

關於移動網路口碑行銷的特點的各個方面，具體內容如下。

1. 低廉的宣傳費用

口碑行銷是一種不需要其他更多投入，只需要企業的智力支援的行銷方式，從而節省了大量的廣告宣傳費用。可以說是最廉價的資訊傳播工具之一。

2. 較高的可信度

口碑行銷是建立在既有的人與人之間的特定關係基礎上的行銷方式，它有著兩個方面的基礎要素：一是人與人之間諸如親友、同事、同學等較親近或密切的關係；二是企業產品或服務形成較高的滿意度，這兩個要素決定了它將比廣告、促銷、公關、商家的推薦等，口碑行銷更具有高度的可信度。

3. 較強的針對性

相對於其他傳播形式而言，口碑資訊行銷具有更中肯、直接和全面等針對性強的特點，這是由於其傳播形式、傳播內容所決定的，如圖 4-19 所示。

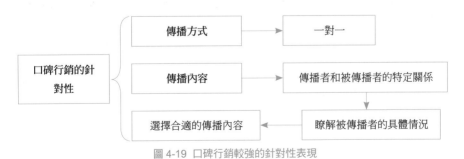

圖 4-19 口碑行銷較強的針對性表現

4. 傳播的團體性

從經濟學的角度來說，口碑行銷傳播的團體性主要是基於相同的消費群體的相近的消費取向、相似的品牌愛好等方面的表現，而且這一消費群體中的資訊是以幾等比級數的增長速度傳播的。

從社會心理學角度來說，口碑行銷是構架於各個消費群體的各種消費需求心理的團體性之上的，不僅具有無堅不摧的凝聚力，更具有天然、自發的優勢。

5. 提升企業形象

廣告宣傳和口碑傳播都是一種宣傳方式，卻與廣告宣傳這一企業的商業行為不同，口碑傳播是用戶對企業產品或產品滿意度的表現，是企業形象的象徵，因而樹立企業產品或服務的品牌口碑能提升企業形象。

4.2.3 病毒蔓延式行銷

基於上述的口碑傳播方式，在進行網站推廣、品牌推廣等方面的病毒蔓延式行銷方式更為方便。顧名思義，它是一種如病毒一樣蔓延的高效的資訊傳播方式。這種行銷的關鍵是企業設計的「病毒」。在此，「病毒」指的是契合客戶需求的基點。

在移動大數據時代下，企業和商家可以透過移動互聯網的數據瞭解客戶群的需要，進而安排生產。當客戶購買了該產品後，這種產品是基於客戶需求而生產的，因而能夠更容易地獲得客戶的滿意度，這樣一來，這種產品的資訊會像病毒一樣在客戶之間迅速蔓延，達到理想的行銷效果。

建立在口碑行銷基礎上的這種行銷方式如同口碑行銷一樣，無須行銷宣傳費用，能夠利用更少的成本獲得事半功倍的效益。

相較於傳統的行銷方式而言，病毒蔓延式行銷具有以下四大特點，如圖4-20所示。

圖 4-20 病毒蔓延式行銷的特點

關於病毒蔓延式行銷的特點，其具體內容如下。

1. 吸引力強

病毒蔓延式行銷的強力吸引力主要表現在其經過加工的產品和品牌資訊上，透過這種方式傳播給消費者的不再是赤裸裸的廣告資訊，而是在產品和品牌資訊的傳播上充分考慮了目標消費者的參與熱情，使產品像突破了消費者的免疫系統的「病毒」一樣，促使客戶從單純的產品資訊接收者自願參與，進而購買產品，並成為積極的資訊傳播者。

2. 傳播快速

顧名思義，病毒蔓延式行銷是一種資訊快速擴張的推廣方式。在這種行銷方式過程中，產品和品牌資訊透過消費者傳遞給與其有關聯的消費者個體，一層層蔓延，無限擴張，這種資訊傳播方式的速度之快可想而知。

3. 接受度高

一般來說，資訊接收者若有較高的接收度，也可視為產品資訊傳送是成功的，病毒蔓延式行銷在這方面有著明顯的優勢，如圖 4-21 所示。

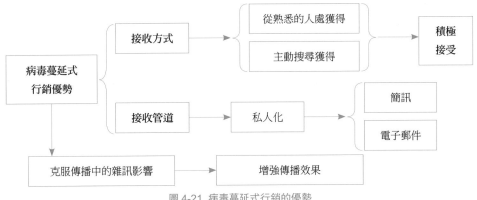

圖 4-21 病毒蔓延式行銷的優勢

4. 更新快速

在病毒蔓延式行銷中，產品資訊如同其他網路資訊一樣，皆具有其獨特的生命週期，它們的發展會從慢到快、然後再從快到慢，一般而言，從開始到結束的時間週期是非常短的，從而導致了企業產品資訊在速度上的快速更新。

4.2.4 資訊搜尋行銷

在移動大數據環境下，社會發展瞬息萬變，搜尋成為人們獲得資訊的必然選擇。而在大眾化的應用形式下，行銷機會即隱藏其間，企業積極利用這一情況投入產品

或服務資訊，以創造行銷機會。

在移動互聯網時代，資訊搜尋行銷是最常見的行銷方式之一。在這種行銷方式中，首先是讓用戶發現資訊，透過搜尋這一工具點擊進入網站或網頁，從而瞭解發現的資訊詳情。

資訊搜尋行銷是落實精準行銷方法中，最能衡量企業實力的一種方式。唯有處於搜尋結果前列，才能更輕易被客戶關注到，而這需要企業有著相當程度的競爭實力。

在社會發展的條件下，企業相關產品資訊也越來越豐富，相對地，未來資訊搜尋行銷也將發生改變，這種改變主要朝著三個方面的趨勢前進，如圖 4-22 所示。

圖 4-22 資訊搜尋行銷的未來發展趨勢

關於資訊搜尋行銷的未來發展，具體內容如下。

1. 結果互動搜尋

在傳統搜尋模式的基礎上，未來有可能引導搜尋者積極參與其中，讓搜尋者可以影響搜尋結果。換而言之，傳統搜尋封閉模式將有所改變，對於搜尋結果的排名。未來將從以往搜尋引擎完全操控結果的模式，發展到讓搜尋者一同參與而誘發出更貼近實際的搜尋排名。

2. 客製化的搜尋結果

客製化搜尋是指在網路搜尋結果上的量身訂做，如圖 4-23 所示。

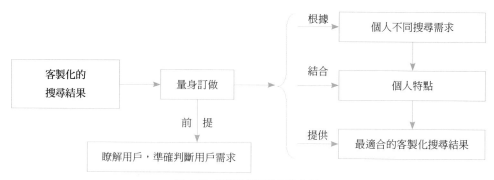

圖 4-23 客製化搜尋的量身定制

3. 社交化搜尋

社交化搜尋是隨著社群網路和社交工具的發展而產生的一種資訊搜尋行銷模式，在現今社會發展潮流中，得到進一步發展，也將引發社交化搜索的新一輪排名熱潮。

4.2.5 軟文行銷

所謂「軟文」，是指針對特定產品的概念或問題分析上，引導消費者心理的文字模式，也就是群發性的廣告貼文如圖 4-24 所示。

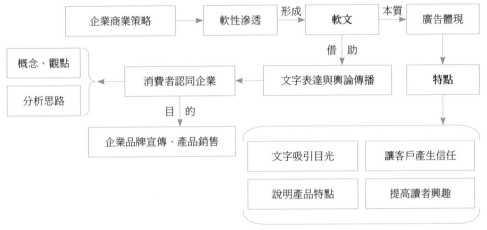

圖 4-24 軟文的形成

軟文行銷，即企業利用軟文進行行銷的模式。具體來說，它指的是透過特定產品的概念訴求，在問題分析的過程中陳述事實、傳達理念的方式引導消費者心理進入其設定的思維模式，從而在最短時間內達成產品資訊傳播的方式。這種模式是透過對消費者心理的引導，執行產品的精準行銷。

4.3　移動大數據精準行銷案例

在移動大數據時代下，利用大數據的優勢對客戶精準定位，進而達到精準行銷的方式隨處可見，並有著日新月異的趨勢。

4.3.1 【案例】「上品折扣」的產品資訊精準行銷

上品折扣是中國都市型百貨折扣連鎖店旗艦品牌，其產品囊括 600 余個國內外知名品牌的近 10 萬款商品，在產品種類上更是涵蓋服飾、運動用品、兒童用品、家居生活用品、皮具箱包、化妝品等百貨業的主要商品種類。這些商品種類的幾千個品牌在其實體店和線上商店進行銷售，逐步形成了線上線下一體化的經營模式。

上品折扣是利用移動大數據著手數據庫的建設，從電子商務、服務數據管理，到實體店、行銷、會員體系等業務，如圖 4-25 所示。

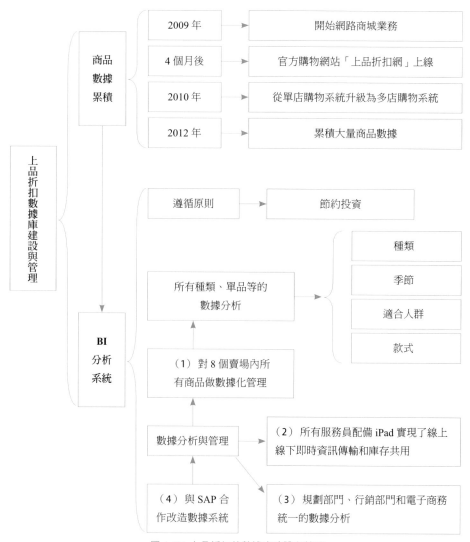

圖 4-25 上品折扣的數據庫建設和管理

在數據庫資源的支撐下，上品折扣借助移動互聯網終端來加強用戶體驗的好感度。在解決商品數據獲取和現場銷售方面，他們開發了自主品牌 PDA，利用技術支撐，不斷提高企業競爭力和滿足消費者的購物需求。

在移動大數據環境下，上品折扣同樣也發展了通訊、二維碼的行銷模式。

4.3.2 【案例】「泰一指尚」的廣告精準置入

泰一指尚（AdTime）作為一家領先的大數據行銷廣告公司，利用其擁有的大規模數據和專業技術讓大數據能視覺化，為行銷提供便捷的方式，實現了為廣告提供全網一站式的行銷服務及解決方案的目的。為了達到能精準置入廣告，AdTime 主要從兩個方面著手，如圖 4-26 所示。

圖 4-26 AdTime 的精準行銷理念創新

AdTime 的精準行銷理念是以其累積的數據庫資源為基礎的，在這一基礎上，為廣告主提供廣告置入指導和服務，打造全新的互聯網行銷方案，如圖 4-27 所示。

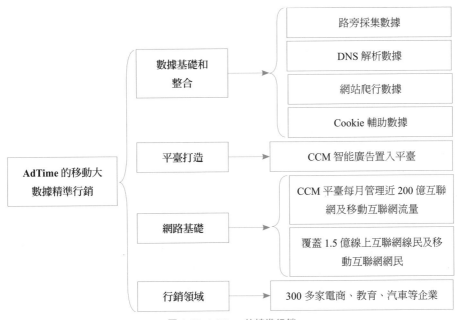

圖 4-27 AdTime 的精準行銷

4.3.3 【案例】〈今日頭條〉APP 的精準行銷模式

近日的〈今日頭條〉APP 甘肅區域獨家代理新聞發佈會上，提出了基於大數據採擷的精準行銷模式，引起了與會者的極大關注。

具體來說，〈今日頭條〉APP 是一款基於大數據採擷的新聞資訊類 APP，它能透過移動終端用戶的閱讀內容快速更新用戶模型，做精準內容推薦，如圖 4-28 所示。

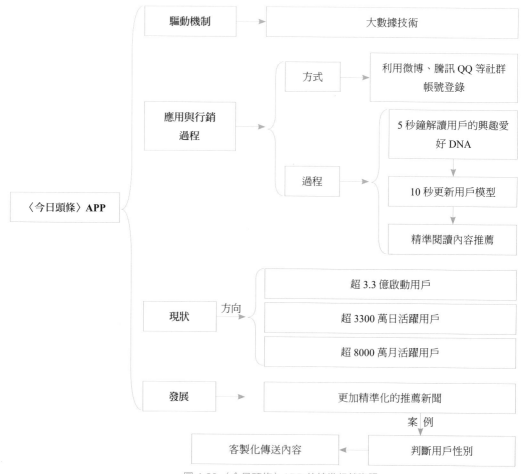

圖 4-28 〈今日頭條〉APP 的精準行銷資訊

在甘肅省存在活躍用戶 119 萬，蘭州市活躍用戶 53 萬的情況下，〈今日頭條〉APP 甘肅區域獨家代理入駐，它將在大數據採擷及推薦引擎技術的支撐下，積極探索有價值的客製化資訊傳送，提供人與資訊的新型服務介面。

發展商業，革新模式
的移動大數據

第 5 章

在大數據技術和移動互聯網結合的時代下，商業領域有了日新月異的創新趨勢。

從數據利用的創新、商業環境的創新至新挑戰的出現，表現在交通運輸、房地產、企業管理、醫療衛生甚至到零售業，均有創新的商業模式。

發展商業，革新模式的移動大數據

- 移動大數據下的商業價值
- 移動大數據的商業創新
- 移動大數據下商業模式革新案例

5.1 移動大數據下的商業價值

在大數據時代，數據已經作為重要的生產因素滲透到了眾多行業和業務職能領域。全球知名諮詢公司聲稱，「對於大量數據的採擷和運用，預示著新一波生產率增長和消費者盈餘浪潮的到來」，由此可見，其商業價值的巨大性。那麼，在移動互聯網環境下的大數據又有著怎樣的商業價值呢？下面將針對移動大數據的商業價值展開論述。

5.1.1 客戶資源的分析與管理

客戶資源是行銷實現的關鍵。在移動大數據時代裡，客戶資源有兩個商業價值，一是客戶資源的分析，即對潛在客戶的群體分析，從而達到客戶精準定位並提升客戶體驗；二是客戶資源的管理，即對企業或商家的客戶資源的管理，從中獲取有利的行銷資訊。

1. 客戶資源的分析

在客戶資源的分析方面，其關鍵點是對客戶群體的細分，進而瞭解個體客戶的需求，為企業產品和服務達成精準的客戶定位。

多元化的客戶需求導致其消費行為的差異性，使得企業無法兼顧所有客戶需求，而客戶群體細分正是針對這一情形的解決辦法。所謂「客戶細分」是指在現今的市場環境中，企業針對客戶需求、行為和喜好等方面的差異性而對客戶進行分類，並提供相對的產品、服務和行銷模式的過程。

利用大數據對客戶進行細分存在一定的流程，具體如圖 5-1 所示。

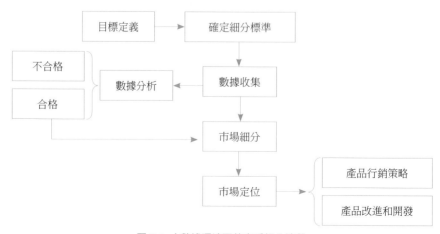

圖 5-1 大數據環境下的客戶細分流程

在客戶資源的分析上，實現客戶精準定位後，從而瞭解客戶及其產品使用的情況，這一方面也是可以利用大數據的分析來解決的，因為其關鍵就在於對客戶及其產品使用情況的瞭解，而這些資訊都可以透過大數據獲悉。

企業利用移動大數據在產品或服務的銷售發生前、發生過程中、銷售後對客戶資源做全方位的分析，滿足消費者需求和提供最好的產品或服務全過程體驗，由此可見，企業對移動大數據的應用已不可缺少。

2 · 客戶資源的管理

客戶資源的管理其最終目的是達到鞏固客戶的忠誠度、降低客戶流失率和開拓新的客戶資源等。這就需要從不同角度，根據客戶屬性分析和瞭解客戶。從這一方面來說，移動大數據正是企業管理客戶資源的一大利器。在對客戶資源做管理之前，需要先建立客戶的分級管理制度。

客戶分級管理是企業將顧客的貢獻率等方面進行分門別類的管理方式，企業做好健全的分級，才能增加客戶對企業的依賴。

對企業來說，利用大數據技術來進行客戶分級的管理模式有著重要的商業價值，具體表現在三個方面，如圖 5-2 所示。

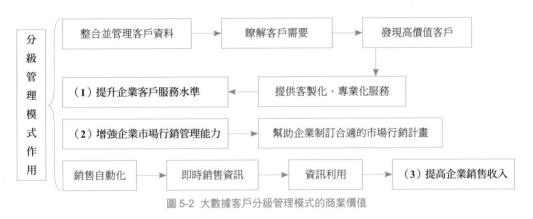

圖 5-2　大數據客戶分級管理模式的商業價值

5.1.2　產品宣傳與資訊推薦

在移動大數據環境下，企業利用大數據精準的定位客戶之後，更能夠針對不同客戶群體對產品或服務進行宣傳，達到客製化的產品宣傳和資訊推薦的策略。

精準推薦，是指在客戶透過移動互聯網對企業產品或服務時，基於巨量數據的採擷和分析，企業宣傳和資訊傳送能最大限度地將電子商務網站的預覽者變為現實客戶，提高推薦品質。

在大數據時代，企業透過互聯網平臺，在個別的客戶進行搜尋時，針對適合客

戶的廣告資訊進行置入，達成精準推薦。但在這過程中，需要注意四個方面的問題，如圖 5-3 所示。

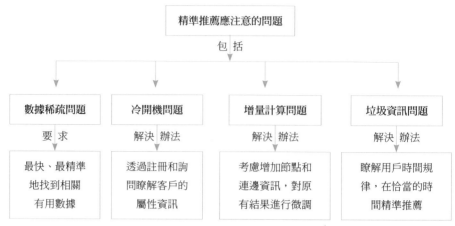

圖 5-3 精準推薦過程中應注意的問題

5.1.3 競爭對手資訊的監測

瞭解競爭對手是商業競爭中制勝的關鍵要素。相對於傳統商業模式來說，在移動大數據環境下，利用大數據技術，才能更簡單、更精確地瞭解競爭對手，如圖 5-4 所示。

圖 5-4 移動大數據下企業對競爭對手的資訊監測

5.1.4 市場預測與企業決策

在現今市場瞬息變化的時代裡，擁有市場洞察能力和精準的趨勢預測能力跟瞭解競爭對手，都是企業取得競爭優勢和發展優勢的關鍵因素之一。當一個企業擁有了市場預測的能力，在起點上就顯得比其他企業擁有更多的優勢。同樣也只有企業持續保有這一優勢，才有可能處於不敗之地。

上述優勢能力是能夠透過對大數據技術來進行分析而獲得的，如圖 5-5 所示。

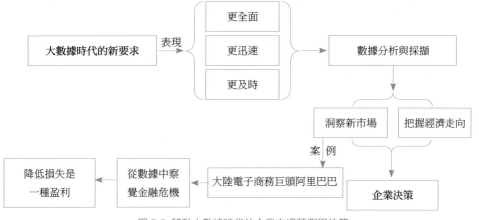

圖 5-5 移動大數據時代的企業市場預測與決策

5.2 移動大數據的商業創新

　　新技術的產生或發現，必然引起相關領域的改變，只是這種改變只有在某種程度上表現出差異，而大數據這一技術所帶來的改變與創新可以說是全方位、跨領域的，它帶來的是對全世界各行業的改變，其中影響最大的是商業領域。隨著大數據技術的發展，從企業到客戶、從網路到現實、從生產到行銷等都發生翻天覆地的變化。

5.2.1 移動大數據的資源利用創新

　　大數據是可利用的再生資源，這種再生不僅表現在其來源的廣泛性和多樣性，也表現在其無限可利用上。對大數據而言，它的真實價值還需要去採擷，而這種採擷的過程都可獲取一定的資訊量，同時也存在其利用的有限性。因此，根據這樣的特性，企業將可對大數據資源進行不同的分析再利用，創造出更多超越數據本身的商業價值。

　　移動大數據在資源的利用創新主要表現在三個方面，具體內容如下。

1. 原有數據的再利用

　　大數據的再利用，其實就是數據價值的再採擷。原有數據也屬於這一範疇，在其再利用上也是如此，主要表現在兩個方面，即原有數據價值的深度採擷和原有數據重組後價值的採擷。

數據的價值是客觀存在的，但人的主觀能動性卻能很好地發掘出這一客觀存在的價值。在原有數據價值的深度採擷方面，我們首先應認識到，對數據而言，數據本身一旦出現了，就永遠不會改變，而所謂的更新也只是新數據取代舊數據，對於舊數據而言，仍舊還是個存在的數據，那麼該如何處理以備不時之需呢？請看以下說明，如圖 5-6 所示。

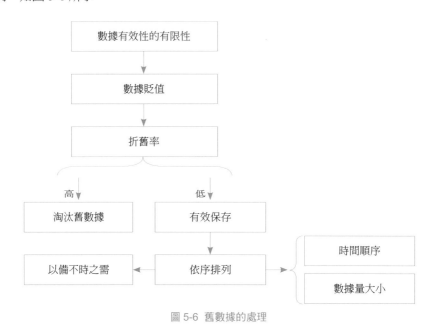

圖 5-6 舊數據的處理

對舊數據做出處理，將折舊率低的數據盡可能長時間地保存下來，後續才是其利用時價值的採擷。基於原有數據價值的採擷是企業關於一小部分做樣本的數據的採擷與分析，而大數據範疇內的無限價值是相對整個大數據而言的，且人的主觀意識也可能導致了數據價值採擷再利用。因此，在這情形下的移動大數據將不斷產生價值，而商機就藏在其中。

對商業領域來說，移動大數據的再利用自身就是商業創新的表現，而其潛在價值所產生的社會商業變化也將是商業創新的未來表現。

在移動大數據時代，對原有數據進行重組也是數據價值採擷的方式。所謂「數據重組」是指基於數據與數據之間原有的、固定的內在聯繫以及數據與企業利用目的之間的關係，利用新的方式對這些數據做混合式組合，在新的排列和範圍內採擷出更有創意的價值的過程。如 2011 年關於手機是否增加致癌可能性的研究即是這方面的典型，如圖 5-7 所示。

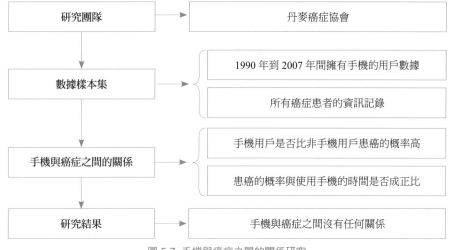

圖 5-7　手機與癌症之間的關係研究

從圖 5-7 可以看出數據重組的意義所在，這也是大數據重組價值採擷的理論基礎：

數據之合的價值 >> 數據價值之和

而一般商業應用上的數據是局部數據，其在價值上的體現更是難與數據總和的價值相比。所以才需要重新依照情況對多個數據集進行組合比對，這種組合下的數據集的價值將比單個數據集價值的總和要大得多。這才是大數據利用的更高層次的價值和目的所在。

2. 大數據的擴展

與大數據的再利用不同，數據的擴展是指在數據利用之前規劃好數據的任務，而建立在這一任務上的數據是可擴展的，但這一擴展的數據與數據本身的職能是基本相同的，發生擴展的只是相同數據集的多種用途的發揮。現實生活中，商場監控錄影的安裝就是一個典型的例子，如圖 5-8 所示。

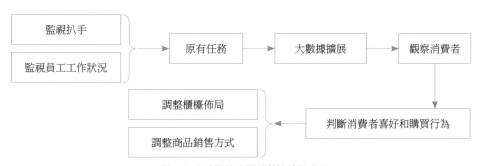

圖 5-8　商場監控安裝的數據擴展應用

3. 大數據的資訊量快速處理

隨著人類科技的進步，數據量在逐漸增加，對人們數據處理能力也有了更高的要求，如圖 5-9 所示。

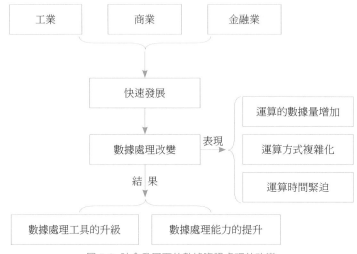

圖 5-9 社會發展下的數據資訊處理的改變

由此可見，數據資訊的快速處理不僅是大數據環境下商業創新的重要任務，也是大數據時代以來一直沒有停止過的目標追求。在實現大數據資訊快速處理的情況下，更大的商業價值將實實在在地呈現在企業和社會面前。

5.2.2 移動大數據下的商業環境

資料顯示，在中國移動互聯網市場規模方面，2014 年達到了 2134.8 億元人民幣，同比增長 115.5%；2015 年更是加速發展，僅第一季度就達到了 761.6 億元，同比增長 111.8%，環比增長 4.0%。移動互聯網持續高速增長主要有兩個方面的原因，如圖 5-10 所示。

圖 5-10 移動互聯網快速增長的原因

在移動互聯網快速增長和大數據應用拓展的大環境下,商業環境也隨之發生了改變,主要表現在五個方面,如圖 5-11 所示。

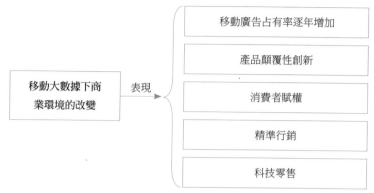

圖 5-11 移動大數據下商業環境改變的表現

關於移動大數據環境下商業環境的改變,其具體內容如下。

1. 移動廣告占有率逐年增加

2014 年,中國移動互聯網用戶達到 5.6 億人,增長率為 11.4%;截至 2015 年,移動設備規模達 12.8 億台,用戶規模趨於飽和,移動互聯網進入全民時代。隨著移動互聯網的興起和發展,移動廣告這一新興的互聯網廣告行業的市場份額呈逐年增加之勢,原因主要包含四個方面的內容,即多樣化的移動終端應用、廣泛覆蓋的移動 4G 網路、用戶移動購物占比增高和豐富的移動 APP 應用軟體。

隨著科學技術的發展,移動終端也在不斷更新,智慧手機、筆記型電腦、平板電腦、Apple Watch 等都是常見的移動終端設備,如圖 5-12 所示。

（a）智慧手機　　　　　　　　　　（b）筆記型電腦

圖 5-12 常見移動終端設備

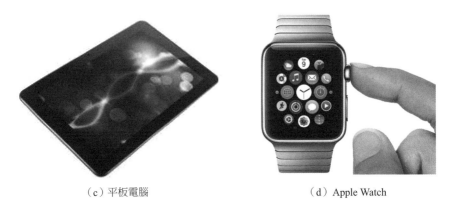

（c）平板電腦　　　　　　　　　（d）Apple Watch

圖 5-12　常見移動終端設備

移動終端的多樣化對移動廣告的廣泛應用產生了重要影響，如圖 5-13 所示。

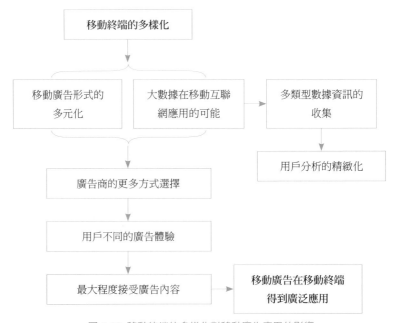

圖 5-13　移動終端的多樣化對移動廣告應用的影響

　　隨著智慧手機的普及以及網路通訊技術的發展，4G 網路用戶數量也正在逐漸攀升，4G 網路覆蓋範圍逐漸拓寬，所帶來的上網速度的加快與瀏覽內容和形式的增多引起了廣告商的關注，從而帶來的移動廣告份額的提升也就不足為奇了。

　　在促進移動廣告市場份額增高方面，移動終端用戶利用移動互聯網購物占比逐

年增加也是其中的一個重要原因。這是因為相較於互聯網購物，移動互聯網自身有著諸多優勢，而這些優勢促使人們的網路購物習慣由 PC 端向移動終端轉移，移動購物成為趨勢，在這種購物方式的市場需求下，移動廣告應運而生並迅速發展。

　　人們在移動互聯網上購物是透過一定的 APP 應用程式來進行的，移動應用程式是移動廣告的載體。打開一款 APP 應用程式，隨處可見移動廣告的存在，其隨著應用軟體覆蓋到了移動用戶的每個角落。因此，移動終端上豐富的移動應用也是移動廣告份額增加的原因之一。

2. 產品顛覆性創新

　　進入移動大數據時代，傳統商品價值在結構和分化上表現明顯，從而導致了移動互聯網產品的創新，其主要有五類，如圖 5-14 所示。

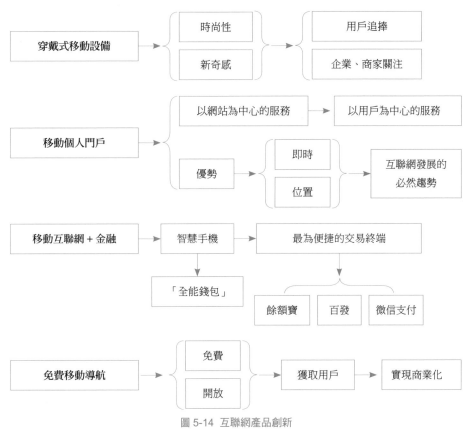

圖 5-14　互聯網產品創新

圖 5-14 互聯網產品創新（續）

3. 消費者賦權

在移動互聯網時代，消費者越來越能自主掌握主導權，透過網路消費者的聲音在移動互聯網系統中被擴大與擴散，從而更多地影響世界。

所謂「消費者賦權」，是指在微信、微博等平臺上，移動終端用戶能夠對商品的品質做出評判，甚至在商品的設計製造時也參與其中。像這種消費者權利完全放開的局面，使得用戶數據更加個性、真實和靈活，有利於企業更精準地剖析消費者行為，為精準行銷構建理論基石。

4. 精準行銷

隨著互聯網電子商務的發展，精準行銷也逐漸成熟。而在移動互聯網時代，移動互聯網電子商務也隨之發展，在大數據技術實現向移動終端成功過渡的基礎上，精準行銷進一步發展，達到精細化的精準行銷，這是一個更準確、真實地從客戶定位到網站設計，再根據用戶數據分析做精準行銷的全方位精準行銷實現過程。

5. 科技零售

在移動互聯網時代，其零售業的本質是基於數據分析的科技零售。具體來說，科技零售中的「科技」並不僅僅是指移動互聯網技術，還包括雲端運算、大數據技術、數據分析與應用等方面的技術。這種零售結合了網路交易和傳統交易，採用兩者互動交叉模式，同時也是數據交叉運用的過程。在這一過程中，也推動了消費者的數據採擷和供應鏈決策，從而形成了數據化、科技化的零售模式。

5.2.3 移動大數據下商業創新的價值

從「移動大數據」這一概念不難發現，移動互聯網與大數據之間應該有著非常密切的關係。一方面，大數據品質的提升，移動互聯網能夠更準確、快速地獲取移動終端資訊；另一方面，大數據類型的豐富，特別是內容、音訊、文本、視頻、圖片等數據，而這些非結構化數據的價值就須仰賴大數據的分析技術來採擷。

由此可見，移動大數據的發展是為了現今商業的創新與創造利潤來產生。

在資訊氾濫的大數據時代，企業和用戶需要的都是精準資訊。對於用戶來說，這種需求主要是因為用戶本身的閱讀行為和思維方式的變化，如圖 5-15 所示。

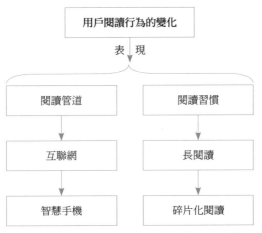

圖 5-15　移動大數據環境下用戶閱讀行為的改變

用戶的這種行為以及其他方面的改變，同時也引起了企業的關注。企業利用移動終端用戶的線上數據，採擷其行為習慣和喜好，提供用戶感興趣的產品和服務，並有針對性地在客製化產品和服務提供行為上做調整和優化。這一商業模式上的創新，是移動大數據發展成熟的表現，也是其價值所在。

5.2.4　移動大數據下的商業創新面臨的挑戰

人們都熟知，機遇總是隨著挑戰而來的。同樣的，移動大數據有著其自身的商業價值和創新表現，除了給商業的發展帶來巨大的機遇，同時也面臨著巨大的挑戰，如圖 5-16 所示。

圖 5-16　移動大數據環境下的商業創新面臨的挑戰

關於移動大數據環境下的商業創新面臨的挑戰有三個方面，其具體內容如下。

1. 提升移動通訊峰值速率的壓力加大

提升移動通訊峰值速率的壓力加大是大數據時代移動互聯網的一個重要表現，也是商業發展創新面臨的挑戰，如圖 5-17 所示。

圖 5-17　商業創新中移動通訊技術面臨的挑戰

2. 網路體系優化的迫切需求

在移動大數據環境下，移動互聯網的數據類型呈多樣化發展，且用戶在搜索和查詢期間，其與服務期間的資訊交換是遠遠比不上應用過程中所涉及的伺服器間的資訊交換的，由此而來的網路體系也需要從客戶—伺服器的垂直架構，並向伺服器間的水準架構優化，這是移動大數據環境下的商業創新面臨的又一挑戰。

3. 更新加快的移動數據的掌控

在移動互聯網時代，數據的轉換與更新速度日益增劇，分散數據的關聯性和數據更新的即時性更進一步顯露出來，這些都需要在大數據的應用上把握好全域，對從物理上存在於各個管道的數據在邏輯上進行集中，從而便於管理和應用，是現今商機的一大挑戰。

5.3　移動大數據下商業模式革新案例

商業創新在移動大數據下的市場環境和價值日益突顯，利用這一優勢為產品和服務等各方面進行模式革新，從而取得極大成效的企業或商家已經不勝枚舉。另外，眾多已經進駐移動互聯網行業的企業，同樣也察覺到了這一狀況，正積極經營運作，搶得競爭優勢，獲得企業效益。

5.3.1 【案例】移動大數據下的交通運輸行業

　　交通是影響人們生活的必要因素，尤其是在現今快節奏的社會裡，更是人們不得不考慮的問題，不僅要考慮快速更要講求方便安全的抵達。

　　隨著移動用戶和移動終端的不斷發展，利用手機解決出門問題已經成為許多人的生活常態，特別是關於交通擁堵問題。下面將透過「Uber」這一服務平臺分析移動大數據在交通運輸方面的影響。

　　「易到用車」隸屬於北京東方車雲資訊技術有限公司，是中國第一家提供預約車服務的電子商務網站和汽車共用互聯網預約服務平臺，其於 2011 年正式進軍移動互聯網，在安卓手機客戶端正式上線，如圖 5-18 所示。

圖 5-18 「易到用車」主介面

　　「易到用車」APP 能準確定位用戶位置，進入其主介面，點擊「馬上用車」選項，打開介面，可以選擇需要的汽車類型，如 Tesla 型、經濟型等，如圖 5-19 所示。

圖 5-19 「馬上用車」介面

選擇汽車類型，點擊「去訂車」，查看符合要求的車輛和相應的價格，選擇你覺得合適的車輛，如圖 5-20 所示。

圖 5-20 選擇車輛和查看價格

從圖 5-20 可以看出，它所提供的車輛資訊可以讓用戶有多種選擇。「易到用車」讓用戶「僅需 1 小時」就可以租到多樣車型的狀況是與移動大數據的應用分不開的，如圖 5-21 所示。

圖 5-21 移動大數據下的「易到用車」APP

「易到用車」是對傳統汽車租賃行業經營模式的革新，企業利用移動大數據解決了汽車租賃市場供需不對稱問題，是移動大數據在交通運輸行業的典型應用。

5.3.2 【案例】移動大數據下的房地產

與交通運輸相同,住房也是人們生活中必須考慮的重要因素。交通運輸行業在移動大數據的應用已經取得巨大成效的情況下,房地產行業也不遑多讓,漸漸步入移動大數據時代,如「螞蟻短租」的特色房屋短租服務。

「螞蟻短租」是一個趕集網旗下的線上租房平臺,經過多年的發展,在中國 300多個城市拓展了 30 多萬套房源,滿足各類短期住房需求。

透過「螞蟻短租」APP 應用程式,可以達到在移動終端上找房子、線上下單、行動支付等操作,從而預訂、租賃各地的不同類型的高性價比的短租房,如圖 5-22所示。

圖 5-22 「螞蟻短租」APP 的短租房

「螞蟻短租」APP,一方面讓房東透過它發佈出租房屋訊息,線上招攬房客;另一方面讓房客利用搜尋、獲取和選擇房屋資訊進而承租房屋。在這一過程中,透過移動終端 APP 應用程式,大量的房屋資訊和房客資訊累積下來,為房東和房客提供了一個優質的數據交流平臺。

5.3.3 【案例】移動大數據下的企業管理

在移動大數據環境下,以大數據為構建基礎的商業智能引領著企業資訊化的發展,對企業管理產生了巨大的影響,同時也產生了專門以大數據處理和應用為主要業務的經營管理軟體。其中,智慧商貿進銷存就是其中典型的一款,利用移動互聯

網和大數據技術為中小企業商戶服務。

在商貿流通領域的小微企業管理中，藉由透過這套軟體來管理商品、賬務、現金流等數據量為企業達到經營流程化、數據管理高效化和分析等提供技術支撐，如圖 5-23 所示。

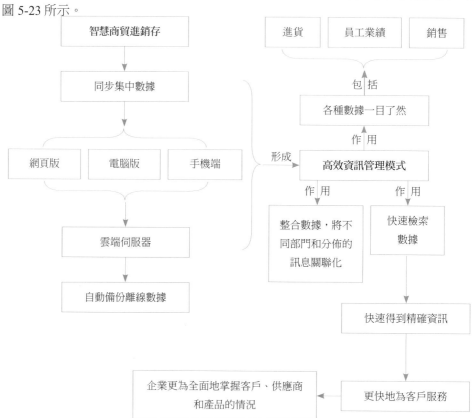

圖 5-23 智慧商貿進銷存的數據資訊管理模式

5.3.4 【案例】移動大數據下的醫療衛生行業

在移動大數據時代，醫療衛生這一廣受關注的領域，該如何利用大數據技術和移動互聯網，建立快捷、高速的服務平臺，是一個值得思考的問題。

醫療行業因為眾多的患者而產生龐大的數據量，在大數據技術支援下加以合理利用，將產生巨大的商業價值，進而使醫療衛生行業更加逐步完善，如圖 5-24 所示。

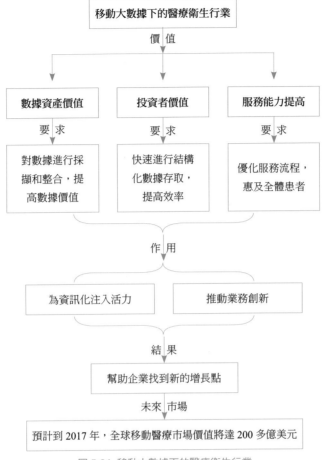

圖 5-24 移動大數據下的醫療衛生行業

5.3.5 【案例】移動大數據下的零售業

　　大數據在零售業方面的應用更是數不勝數，目前網路商城與實體店，都是在一定的大數據應用的基礎上的社會元素，而大數據的價值也在其中得到充分體現，如圖 5-25 所示。

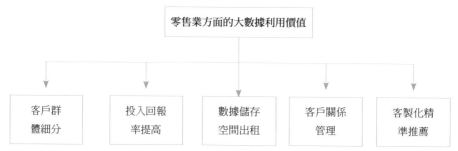

圖 5-25　大數據在零售業方面的利用價值

　　在移動大數據環境下，零售業越來越受到消費者和銷售者的青睞，如著名的零售百貨——諾德斯特姆（Nordstrom）百貨公司，所開發的利用監控消費者手機來開展業務。

　　該零售商透過移動終端用戶的 Wi-Fi 信號追蹤其消費活動，盡可能地瞭解消費者的行為及其消費習慣，進而進行精準行銷以拓展業務。

移動思維，節點連接
的移動大數據

在移動互聯網時代，移動思維能夠督促企業以移動的眼光看待行銷決策，實踐「以用戶為中心」的行銷理念。可以說，移動思維是利用大數據行銷的重要思維，它「向數據中求答案」，在企業行銷過程中，數據成為行銷的起點和終點。

移動思維，節點連接的移動大數據
- 移動大數據下的五種思維趨勢
- 移動大數據下的思維現狀
- 移動大數據改變行銷思維

6.1 移動大數據下的五種思維趨勢

隨著移動互聯網的發展，消費者也逐漸由 PC 端向移動端轉移，更多的消費者趨向於透過移動終端進行即時連結來滿足購物需求。因此，企業和商家也應該適應消費者的思維改變，在銷售過程中啟用移動互聯網思維，精準抓住消費者的需求心理。

那麼，隨著消費者的需求心理改變的移動互聯網思維究竟是什麼呢？概括來說，移動互聯網思維包含以下五個方面，如圖 6-1 所示。

圖 6-1 互聯網移動思維趨勢

6.1.1 碎片化趨勢

在移動互聯網時代，移動數據呈現了碎片化的特點，而移動數據的碎片化來源卻是消費者的碎片化趨勢形成的，企業從消費者的角度來考慮，於是就產生了「碎片化思維」的趨勢，如圖 6-2 所示。

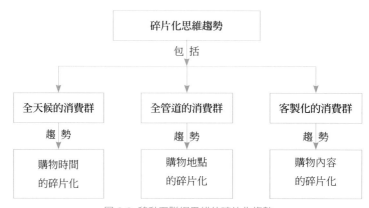

圖 6-2 移動互聯網思維的碎片化趨勢

從圖 6-2 可以看出，移動思維的碎片化趨勢主要表現在三個方面，具體內容如下。

第一，從時間上來說，消費者可以選擇在任何時間購買，不用考慮企業或商家的服務時間，且其持續時間的長短也是任意的。消費者可以仔細考慮，斟酌後再購買，這種情況下思考的時間可以是幾分鐘、幾小時甚至是幾天等。消費者也可以看到中意的馬上就購買，這時需要的時間可能只是幾分鐘的搜尋時間，也可以在十幾秒或幾十秒內完成購買行為。

第二，從地點上來說，這是隨著時間而變動的，購物時間的碎片化與購物地點的碎片化是相輔相成的。購物地點的碎片化，是指消費者可以在任何地點完成購買，不需侷限在傳統商業模式一樣必須去固定地點，也無須像互聯網模式一樣需要在有互聯網的地方，如家裡、公司或網咖等。在移動互聯網環境下，購物需要的只是一部手機或其他移動終端設備，消費者可以在隨身攜帶移動終端設備的情形下在任何地點購買。

第三，從購物內容來說，消費者在購買的時候，當想到什麼或中意什麼時，可以立即購買。而這種購買的需求產生不再一定是生活所必需的，而是由移動互聯網的碎片化資訊推動的，如簡訊、微博、微信、QQ 群等，這些都影響著消費者的購物決策和消費行為，而這些購物行為包含的內容是隨性的，說明了碎片化的特點。

6.1.2 粉絲思維趨勢

「粉絲」意即支持者，是對某些人、物等充滿認同、期待和熱情的特定族群。對企業來說，那些認同企業品牌和產品，並對企業未來產品充滿期待的人，是企業實實在在的忠誠消費者與品牌的傳播者和捍衛者，這也就是「粉絲行銷」的基礎，如 LINE 發行一週年，與粉絲會員進行互動行銷，如圖 6-3 所示。

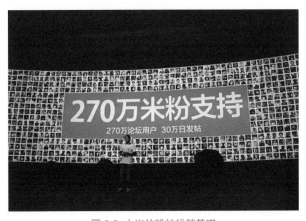

圖 6-3 小米的粉絲行銷基礎

所謂「粉絲行銷」，是指消費者受企業的優秀產品、品牌的喜愛，成為其堅定的消費群體，他們有形無形的傳播企業產品、品牌資訊，企業利用這一優勢來達到行銷目的的行銷理念。

這是一種自發的傳播方式，是對企業產品產生認同後才會出現的行銷行為，也是基於互聯網時代下的消費者自媒體認識的品牌行銷策略。

這是超越用戶的、最優質的目標消費者，企業應該利用粉絲行銷的發展優勢，積極製造粉絲，讓粉絲這一自媒體（We Media）幫助企業傳播商品與品牌，甚至在一定程度上主導並推動企業產品或服務的價值實現。這就是現今媒體所說「得粉絲者，得天下」的意思。

6.1.3 聚焦發展思維

焦點往往是最易獲得成功和關注的，在商業行銷方面亦是如此，特別是在移動互聯網時代，成熟的企業發展焦點是該企業會取得成功的關鍵，往往一個焦點成就了一個企業的成功，藝龍旅行網就是典型的例子，如圖 6-4 所示。

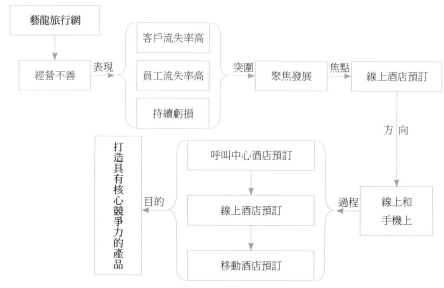

圖 6-4 藝龍旅行網的聚焦發展思維

從圖 6-4 可以看出，藝龍旅行網透過聚焦發展獨闢蹊徑，從線上酒店預訂這一焦點出發建立局部優勢，進而確立品牌優勢，轉虧為盈，超越同業競爭對手。

從藝龍旅行網的成功可以看出，企業或商家有必要堅定一個發展的焦點，以其

為核心，將其視為企業的戰略方向，再集中精力去發展，這是企業或商家取得成功的移動思維之一。

6.1.4 第一思維趨勢

無論在什麼情況下，「第一」都是備受關注的，與「第一」意義相關的人或物才會被人們長久地銘記，甚至流芳萬世，例如美國游泳健將菲爾普斯家喻戶曉，就是因為他是奧運比賽的常勝軍。

在時間長河中，諸如奧運冠軍、高考狀元等取得第一的才能被人們所熟知，就拿高考來說，大部分的人是只知道各省、市等文理科狀元，即使第二名與之只有一個微小的差距，也將是一個消逝在茫茫人海中的存在。更不要說有名的金氏世界紀錄了，它是「第一思維」的典型代表。

在移動互聯網時代，贏家通吃才是企業的生存法則，就和著名的馬太效應中「強者越強，弱者越弱」一樣。人們在應用過程中是「第一思維」的堅定擁護者和推行者，他們往往只接受他們認可的第一。

這種「第一」包括兩種情況：一是基於時間上的，即很多用戶在第一次接觸到某一社群應用程式或網站應用程式時，覺得好或還可以，沒有必要改變，用戶就會一直沿用下去；二則是基於整體地位上來看，在某一方面或領域內，實力佔據領先地位的，往往會成為用戶的首選。

其實，上面所說的兩個「第一」有著密切的關係，前者的「第一」是用戶最開始做選擇時，選擇當時據有領先地位的。而後者則是掌握當前時代的發展優勢，即使發展往其後的一段時間裡不再是市場地位上的「第一」，也會成為許多用戶觀念中前者意義上的「第一」。

可見，無論是哪種意義上的「第一」，都必將成為人們選擇和應用的「第一」。因此，在瞬息萬變的移動互聯網時代下，第一思維至關重要，它是移動互聯網思維的重要組成部分。

6.1.5 超前思維趨勢

在移動大數據的時代裡，資訊千變萬化，企業也要有超前和快一步的意識，才能在當今時代取得優勢。

所謂「超前思維」，是指企業在發展過程中，需要有著對未來競爭格局和世界變化具有超前感知，並在發展過程中快速決斷，如圖 6-5 所示。

圖 6-5 超前思維

在移動互聯網時代，世界快速的向前發展，而那些守舊不變的相對於時代來說，都將會被淘汰。「用發展的眼光看問題」這一觀點是為大家所熟悉的，然而在此的「發展」並不是一味地革新的代名詞，它需要在具備一定條件的基礎上才可以說是「發展」和「超前思維」。在超前思維方面，要注意三個方面，具體內容如下。

（1）不怕出錯。怕出錯將會永遠停滯不前，只有勇於打破舊有的規則和秩序，才能顛覆現有的商業制度和框架，真正實現發展和超前思維。

（2）懂得變通。這是發展的思想前提。只有在處理各種事務時隨機應變，才能達到發展和超前思維的目的。

（3）創新累積。在移動互聯網時代，整個世界瞬息萬變，只有不斷進行創新累積，永不停步，才能在商業競爭中找到自身的優勢並獲得發展。

6.2　移動大數據下的思維現狀

作為一種多維網路狀的生態思維，移動互聯網思維以節點為基礎彼此連接，形成大小不同的生態圈，這些節點連接成的生態圈再構成更大的生態圈，做多個向量的網路狀延伸，如此類推下去。

如此情形下的移動互聯網思維，在當今時代裡，它有著怎樣的社會現狀和特點呢？下面將針對這一方面做相關闡述。

6.2.1　移動大數據下的移動互聯網思維特徵

目前，互聯網已經滲透到人們生活中的各個方面，互聯網思維也逐漸被意識到並成功應用到了企業發展中，面對市場環境的不確定性日益增加，具有互聯網思維

的企業將能輕易洞悉，不被大環境困惑。

本書認為大數據下的移動互聯網思維特徵包含八個方面，如圖 6-6 所示。

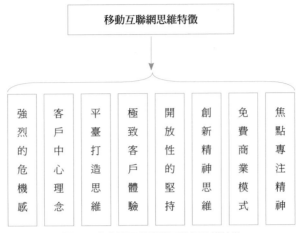

圖 6-6　大數據下的移動互聯網思維特徵

關於移動互聯網思維特徵，具體內容如下。

1. 強烈的危機感

在企業的互聯網思維應用中，始終伴隨著強烈的危機感，這是因為：

- 瞬息萬變的市場，使競爭日益劇增。
- 企業發展壯大後仍須居安思危。

關於企業時刻保持強烈的危機感方面，海爾集團的發展就是典型的一類，如圖 6-7 所示。

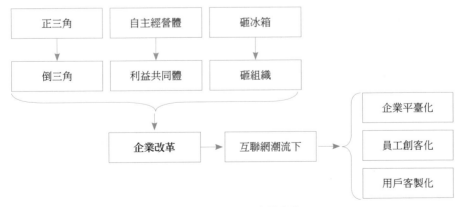

圖 6-7　海爾集團的危機意識

互聯網時代已是如此，那麼在移動互聯網環境下，這種危機感將隨著移動互聯網變化的加快和市場不確定性的增加而更加強烈。

2. 客戶中心理念

在移動大數據環境下，移動思維在互聯網基礎上進一步朝向以客戶為中心，透過更多客製化和更龐大的數據量，利用社群網路、新媒體和其他應用，採擷客戶的潛在需求，消費習慣和消費行為，精準的推薦資訊，真正達到以客戶為中心的行銷理念。

3. 平臺打造思維

打造平臺是經濟發展的最高境界，著力於平臺打造的企業紛紛湧現並迅猛發展。在移動互聯網環境下，積極運用移動互聯網思維，加速平臺構建，如圖 6-8 所示。

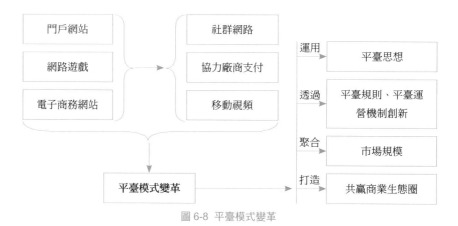

圖 6-8 平臺模式變革

4. 極致客戶體驗

在移動互聯網時代，客戶地位發生了極大變化，成了供需關係中的主導者，因此用戶體驗也決定著企業在市場競爭中能否取勝的關鍵，如圖 6-9 所示。

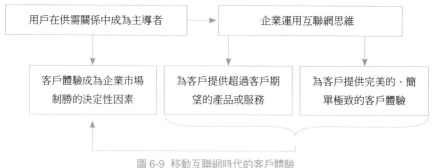

圖 6-9 移動互聯網時代的客戶體驗

5. 開放性的堅持

在移動互聯網環境下，企業的經濟發展是一種開放性模式，如圖 6-10 所示。

圖 6-10 移動互聯網環境下堅持開放性

6. 創新精神思維

在移動互聯網思維方面，創新是一個重要的組成部分，如圖 6-11 所示。

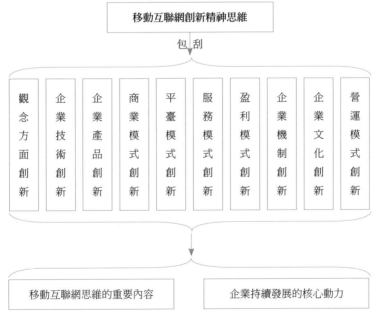

圖 6-11 移動互聯網思維的創新精神

7. 免費商業模式

免費商業模式是移動互聯網相關企業的重要特徵，因為在移動互聯網思維中，重要的是用戶規模和流量，而不是收入。

8. 焦點專注精神

移動互聯網時代的焦點專注精神，是指企業大多是從專注某一業務領域開始的，如百度的單點切入原則就是如此。

6.2.2 移動思維的重要性

移動互聯網以其迅猛發展之勢波及各行業與領域，甚至改變了移動互聯網用戶的思維。在這一方面發生的改變，如圖 6-12 所示。

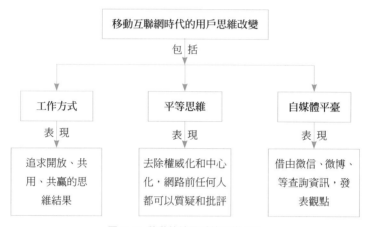

圖 6-12 移動終端用戶的思維改變

在移動大數據環境下，移動思維是首要的思維，是新形勢下解決問題的思維依據，其要求從移動互聯網的特點出發，運用超越傳統的思維模式來解決具體問題。總體來說，移動思維具體包括四個方面，如圖 6-13 所示。

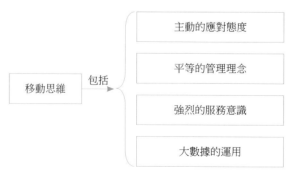

圖 6-13 移動思維的內容

1. 主動的應對態度

為了達到移動互聯網上言行具雙向互動性和隨意性，故移動互聯網企業也該保有主動應對的態度。對於網路輿論，一方面要注意應對的時間，及時應對或觀察等待並做出研判後再應對；另一方面是注意應對的態度，應達到公正和公平。

2. 平等的管理理念

移動互聯網是一個個用戶組成的互聯網。在移動互聯網面前，用戶的重要性可想而知，因此，平等的管理理念是移動互聯網發展和應用中不可或缺的。關於移動互聯網的平等管理理念，具體包括兩個方面，如圖 6-14 所示。

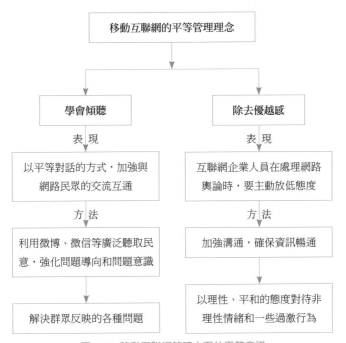

圖 6-14　移動互聯網管理方面的平等意識

3. 強烈的服務意識

在移動互聯網時代，其在服務方面的作用主要表現在兩個方面，具體內容如下。

- 各種公共服務資訊、政策資訊的提供和公眾間溝通理解的加強。
- 社會公眾訴求管道的拓展，進而持續提高用戶滿意度。

4. 大數據的利用

在移動互聯網時代，大數據的利用主要有兩個方面：一是移動大數據是實現移動思維的基礎，即整合和分析線上線下各方面數據，構建網路輿論數據體系，採擷其與社會動態方面的深層次關係，實現有效管理；二是利用大數據技術即時記錄各網路平臺數據和分析網路輿論傳播動態，掌握相關資訊，提高管理效能。

6.2.3 平臺化的思維模式

平臺是對電腦硬體或軟體操作環境的總稱，其內容包括三個方面，如圖6-15所示。

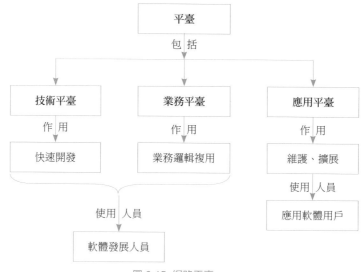

圖 6-15 網路平臺

在移動互聯網時代，想要在發展中實現共贏，唯有將互聯網企業的技術和服務，做成平臺化和介面化，如此一來，才能讓合作夥伴平等接入並實現共贏。

在平臺化模式中，平臺是平等、無障礙和利益共享的，在這一平臺上，可以引進多種 APP 應用程式，並透過這些應用開拓更廣闊的市場，促進移動業務增長，如百度的 APP 應用程式的置入和平臺化營運就說明了平臺化的思維模式的重要性。

6.3 移動大數據改變行銷思維

　　在移動大數據環境下，商業模式發生了很大變化，同時也引起了革新的商業模式下行銷思維的改變，以此適應新時代下新形勢的市場需要。

6.3.1 移動大數據下企業的行銷思維

　　隨著移動互聯網應用的普及，企業首先會利用大數據技術的採擷大量數據，接著分析消費者需求，並針對個人化提供精準行銷，如此的作法已經對行銷環境產生了莫大影響，因此引發了企業行銷思維的改變，如圖 6-16 所示。

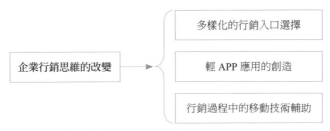

圖 6-16 移動互聯網時代企業行銷思維的改變

1. 多樣化的行銷入口選擇

　　在移動互聯網時代，專業化的 APP 應用程式已經取代了網路搜尋，這是移動客戶終端應用不斷開發的結果。在現今的移動終端應用中，入口是多樣化的，且這種應用入口具有極大的專業性和針對性。企業的行銷思維以此為突破點，也發生了很大的改變，在行銷入口的選擇上呈現出多樣化的特徵。

2. 輕 APP 應用的創造

　　上述 APP 應用程式入口的多樣化在帶來大量用戶的同時，也導致用戶 APP 下載方面的操作繁瑣。企業可以從這一點出發，一方面研究移動終端用戶持續使用的 APP；另一方面，企業可以創造自身的輕 APP，透過這種 APP，移動用戶可以不用下載佔用記憶體就能迅速、輕鬆地獲得相關數據資訊。企業解決用戶對 APP 應用程式的需求，將可獲得消費者的極大認同。

3. 行銷過程中的移動技術輔助

　　在移動終端的應用和移動行銷過程顯現出更加智能化趨勢時，重要的移動終端設備─智慧手機在通訊功能上已發展成一個生活綜合平臺。如此情勢下的市場環境，其行銷必然不能缺少移動終端設備的輔助作用，透過移動終端設備，企業可以直接

進行交流溝通、資訊獲取和商務交易等各類移動互聯網服務。在未來的移動互聯網行銷中，透過移動技術利用進行行銷和搶佔移動行銷入口，都是新環境下的行銷過程的重要環節。

由此可知，在大數據下移動互聯網思維給企業行銷帶來了巨大改變，同時大數據技術也引起了行銷思維的巨大改變，如圖 6-17 所示。

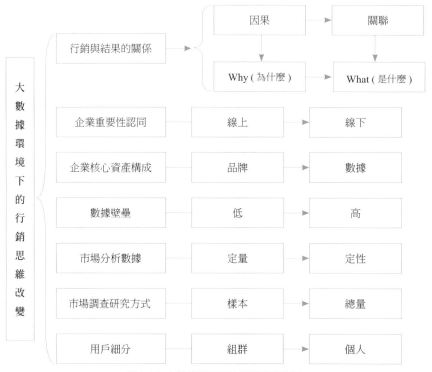

圖 6-17 大數據環境下的行銷思維改變

6.3.2 移動思維不確定模式下的行銷

在傳統的理想化行銷狀態中，達到標準化是其目的，也就是行銷管理流程的標準化和行銷組合要素的標準化，這些都是具有確定性的存在。然而，在移動大數據時代，商業模式發生了很大變化，其中關於行銷方面唯一能夠確定的就是其不確定性，如微博、微信、電子商業、小米手機、「菜鳥」智能物流等。

在此以小米行銷為例，瞭解不確定思維模式下的行銷模式。

在小米的行銷策略中，粉絲行銷在其中起著重要作用，而激發粉絲力量的是其產品開發階段確定的兩個機制：一是把重點集中在易用性和客製化上；二是建立以

論壇為核心的互聯網開發模式，這兩個機制促進了產品的優化。另外，它還串聯了硬體、軟體和互聯網這一鐵三角，以及從產品和用戶出發的扁平化、用戶扭曲力場和產品的「尖叫」這三個方面的構成角度，形成了對用戶的移動互聯網思維的全面化，在不確定性模式以資訊、網路、知識和文化為經濟本質的時代裡，最終完成了品牌與行銷的資源互動和互生，以確立移動互聯網下的行銷組合。

6.3.3 移動大數據下的用戶思維

在移動大數據環境下，其行銷都是建立在「以用戶為中心」的基礎之上的，所以用戶思維是移動互聯網思維的中心，是其最重要的思維組成部分。

關於用戶思維，有三項必須遵循的法則，如圖 6-18 所示。

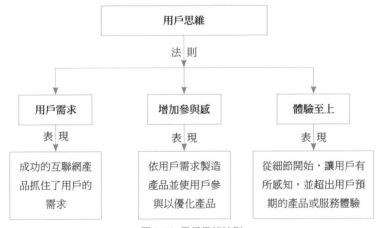

圖 6-18 用戶思維法則

瞭解用戶思維是移動大數據時代發展的需要。首先，用戶思維並不等同於移動互聯網思維，用戶思維是大數據時代下所發展的需要，是比移動互聯網思維更加以精準的「以用戶為中心」思維模式，其重點強調的是關於用戶的採擷方式，如圖 6-19 所示。

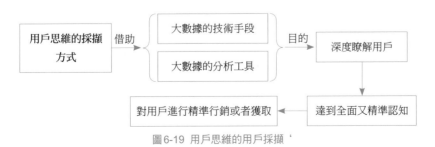

圖6-19 用戶思維的用戶採擷

移動 LBS，洞察位置
的移動大數據

　　利用移動位置服務確定用戶的位置，再透過移動終端精準傳送所在位置的各種資訊和服務，達成企業和商家的精準行銷。

　　這一過程其實是企業和商家與用戶的雙贏過程。那麼，LBS 應用是怎樣具體實現的呢？敬請期待吧！

移動 LBS，洞察位置的移動大數據	移動大數據下的 LBS 概述
	移動大數據下的 LBS 行銷策略
	移動大數據下的 LBS 行銷案例

7.1 移動大數據下的 LBS 概述

人們隨著交通的日益發展，位置移動是很稀鬆平常的事情。在這一情形下，移動通訊隨著移動的過程，從而隨著人們活動空間的變更，市場行銷模式的具體內容和預期目標也隨之改變，主要集中體現在「精準」二字上，如圖 7-1 所示。

圖 7-1 精準行銷的實現

從圖 7-1 可以看出，想要實現對客戶的精準行銷，首先應找準客戶並對其進行精準定位，這是採取行銷模式必須具備的前提條件。而 LBS 的精準定位功能為其提供了可能。

7.1.1 LBS 的定義和行銷原理

LBS，全稱為 Location Based Services，是一種基於位置的服務。由此可見，其包括兩個關鍵因素：一是位置（地理位置）；二是服務（資訊服務），如圖 7-2 所示。

圖 7-2 LBS 的含義

從圖 7-2 可以看出，LBS 是指在地理資訊系統平臺的支援下，透過無線電通訊網路或外部定位方式，來獲取移動終端用戶的位置資訊，並為移動終端用戶提供與位置相關的資訊和服務的一種增值業務。

整體來說，LBS 是透過閘道這一複雜的網路互聯設備，對移動通訊和電腦這兩個網路相結合的資訊交互的服務，如圖 7-3 所示。

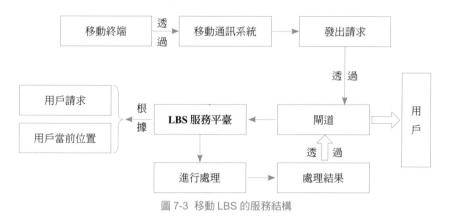

圖 7-3 移動 LBS 的服務結構

在移動大數據環境下，企業該如何利用 LBS，達到時對移動用戶精準定位與服務呢？可以從兩個角度對其精準行銷模式的原理進行理解：一是移動終端用戶；二是企業和商家，如圖 7-4 所示。

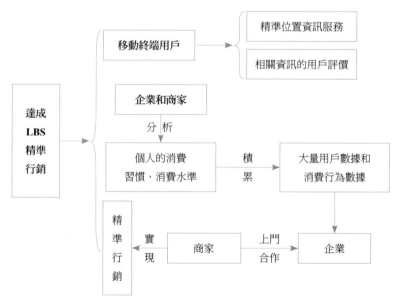

圖 7-4 LBS 的精準行銷原理

從移動終端用戶角度來說，可以獲得所在位置或想要搜尋的位置的精準資訊服務，如餐飲行業的打折資訊，如圖 7-5 所示。

圖 7-5　基於移動 LBS 的打折資訊

另外，利用它還能查看相關客戶評價，瞭解具體情形，以便在商家和企業的精準行銷策略下獲得更優質的消費，如圖 7-6 所示。

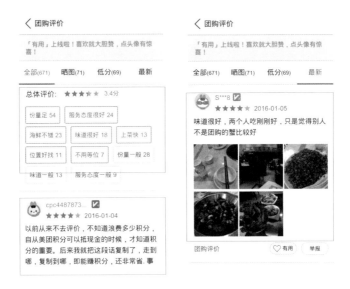

圖 7-6　相關用戶評價資訊

從企業和商家角度來說，在移動終端用戶基於地理位置進行資訊搜尋的過程中，它們一方面對其進行廣告傳送，引導用戶消費；另一方面也透過用戶的搜尋、瀏覽和消費記錄，分析出一個人的消費習慣、消費水準，再有針對性地進行廣告傳送，實現精準行銷。在這一過程中，大型企業還可以利用其掌握和累積的大量用戶數據和消費行為數據，吸引更多商家與之合作，以獲取更大利潤，提高企業效益。

7.1.2 移動大數據下 LBS 行銷的主要特點

移動大數據環境下的 LBS 是一種基於位置為中心的服務方式，如圖 7-7 所示。

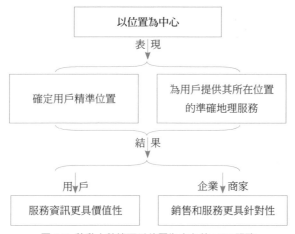

圖 7-7 移動大數據下以位置為中心的 LBS 服務

移動 LBS 是在固定用戶或移動用戶之間，透過互聯網和移動網路，從而完成定位與服務的一種方式，如圖 7-8 所示。

圖 7-8 移動 LBS 的服務方式

在 LBS 的服務方式下，想要實現精準行銷有著其特有的途徑，也形成了具有其自身特點的行銷方式，主要表現在以下兩個方面。

1. 協助在當地尋找推廣管道

從 LBS 基於位置的本質來說，在地理範疇上更趨向於幫助企業和社區商家在當地的行銷推廣，從而直接推動用戶進行消費，這也是 LBS 行銷的最大優勢。它是與傳統的移動廣告不同的行銷模式，如圖 7-9 所示。

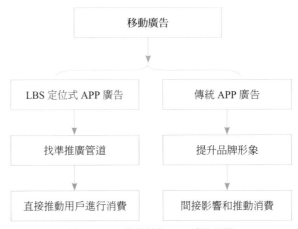

圖 7-9 LBS 與傳統的 APP 廣告行銷

例如，汽車品牌基於騰訊社群廣告 LBS 定向技術的行銷就是成功的應用，如圖 7-10 所示。

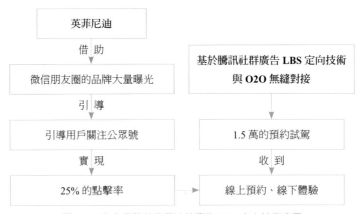

圖 7-10 汽車品牌英菲尼迪的廣告 LBS 定向技術應用

從圖 7-10 可以看出，由於 LBS 定向技術與 O2O 的結合，透過騰訊社群廣告平臺的探索行銷新方式，將身邊有價值的資訊及傳送給用戶，使之感受品牌的價值，從而使市場迅速引爆，獲得良好效益。

2. 開拓實體商家與社交網站結合平臺

顧客始終是行銷關注的焦點。商家和企業在開發新的客戶資源的同時，也注重對現有客戶資源的維護，不斷開發 APP 廣告應用就是一種提升「顧客忠誠度」的作法。

面對豐富的 LBS 服務，商家的行銷更富想像力，星巴克在進行 LBS 開發應用上就很成功，其推出的如與 Foursquare 合作推出的「市長獎勵」計畫等多項市場活動，從多個角度出發，成功地提升了既有客戶的「忠誠度」。

移動大數據下的 LBS 廣告，透過開拓實體商家與社群網站結合平臺，提高「顧客忠誠度」，從而幫助消費者所在地區的商家強化區域性行銷。

綜上所述，移動大數據下的 LBS 主要有兩個特點，即從不同的角度來實現商家和企業的行銷目的，如圖 7-11 所示。

圖 7-11 移動大數據下 LBS 行銷的主要特點

7.1.3 移動大數據下 LBS 的應用範圍

移動大數據下，LBS 的應用範圍越來越廣，這是手機地圖成為移動互聯網的入口與應用有相當大的關係，如圖 7-12 所示。

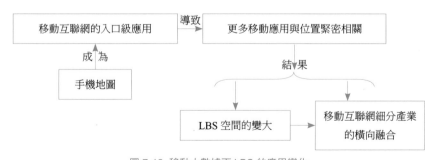

圖 7-12 移動大數據下 LBS 的應用變化

123

由圖 7-12 可知，LBS 已經滲透到生活中的各個領域。具體來說，主要包括四個方面的應用，如圖 7-13 所示。

圖 7-13 LBS 的應用範圍

以下分別說明 LBS 在中國的各領域應用。

1. 生活服務

在生活服務方面，移動 LBS 的應用涉及面極廣，包括生活中的各個方面，如圖 7-14 所示。

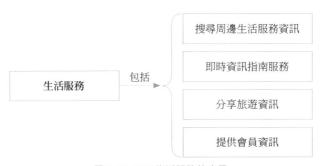

圖 7-14 LBS 生活服務的應用

（1）**搜尋周邊生活服務資訊**。LBS 基於用戶的當前地理位置，查詢附近的生活類服務資訊，如餐聽、超市、銀行、公車站等，如圖 7-15 所示。

圖 7-15 周邊生活服務搜尋

（**2**）**即時資訊指南服務**。LBS 基於用戶的當前地理位置，向用戶提供各種即時資訊，如天氣情況，如圖 7-15 所示。

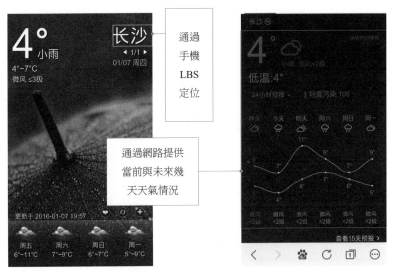

圖 7-16　查詢用戶本地的天氣情況

（**3**）**分享旅遊資訊**。在當前的社會大環境下，資訊分享已成為生活常態。透過 LBS 應用分享旅遊心得和攻略，以及風景圖片等，個人也可以添加自己的評論，如圖 7-17 所示。

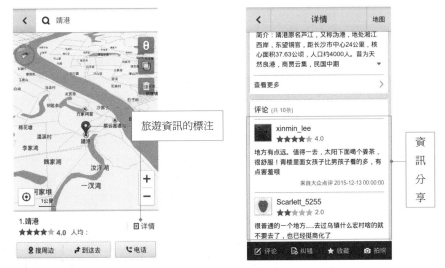

圖 7-17　旅遊資訊標注分享

（**4**）**提供會員資訊**。LBS 應用提供會員相關生活資訊，這樣一來，企業和商家

也能記錄用戶的各種生活資訊，並提供各種適合會員的優惠資訊，使會員充分感受到使用形式的簡捷和生活的便利，如圖 7-18 所示。

圖 7-18　會員卡資訊

2. 行業應用

LBS 是智慧城市不可缺少的一個因素，而城市發展中的各個行業的智能實現都是離不開 LBS 技術的，如圖 7-19 所示。

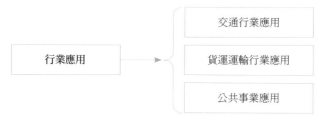

圖 7-19　LBS 生活服務的應用

（1）**交通行業應用**。移動大數據下的 LBS，能夠提供各路段的車輛行駛情況，駕駛者可以根據具體情況決定行車路線，這樣一來，不僅能夠解決諸多城市交通問題，又有利於城市交通的管理和調控，更為路人帶來便利。

（2）**貨運運輸行業應用**。在大陸，貨運車輛駕駛時超速、超載等違規行為還時常發生，特別是在一些危險品的運輸上，假如出現違規情況，可能產生諸多嚴重後果，而 LBS 定位技術將最大限度地減少這些後果帶來的損失，如圖 7-20 所示。

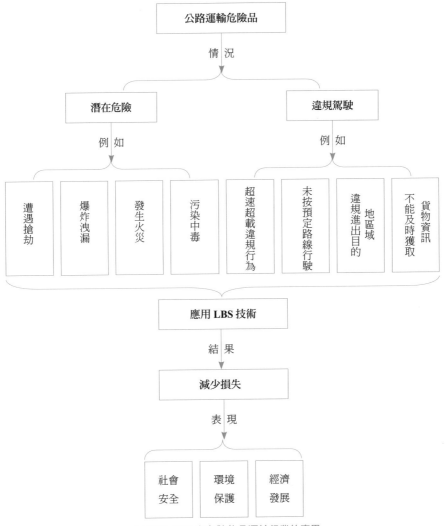

圖 7-20 LBS 在危險物品運輸行業的應用

（**3**）**公共事業應用**。公共事業與人們的生活息息相關，是維持公共服務基礎設施的事業。在 110、119、120 等公共事業方面，LBS 定位更是發揮著其獨特的作用，如圖 7-21 所示。

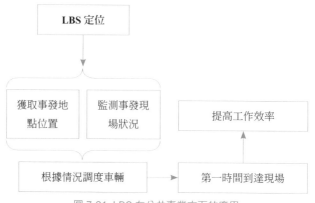

圖 7-21 LBS 在公共事業方面的應用

3. 休閒娛樂

LBS 除了在生活服務和行業方面有著極廣的應用外，在休閒娛樂方面也有著其應用蹤跡，主要表現在「簽到」模式和「大富翁遊戲」模式上。

（1）**「簽到」模式**。休閒娛樂，除了在滿足人們的享受需求外，更重要的還是達到其行銷目標，獲得利益，而「簽到」模式在這一方面能發揮一定的作用，並有效地累積客戶，如圖 7-22 所示。

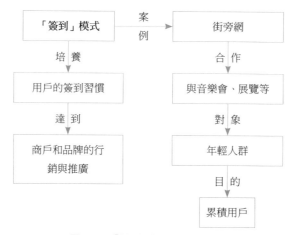

圖 7-22 「簽到」模式的行銷應用

（2）**「大富翁遊戲」模式**。這是一種比「簽到」模式更具凝聚力的應用模式，在 LBS 定位應用上有著其自身的特點，主要包括三個方面的內容，即遊戲主旨、商業模式以及主要特點。在遊戲主旨上，具體內容如圖 7-23 所示。

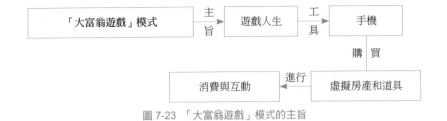

圖 7-23 「大富翁遊戲」模式的主旨

在其商業模式上，具體內容如圖 7-24 所示。

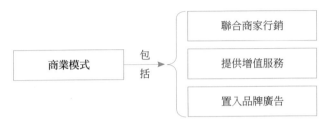

圖 7-24 「大富翁遊戲」的商業模式

關於「大富翁遊戲」的主要特點，具體內容如圖 7-25 所示。

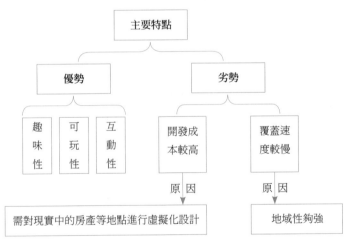

圖 7-25 「大富翁遊戲」的主要特點

4. SNS 社群

運用社群網路中的 LBS，已經為 LBS 自身帶來了極大的變化，如圖 7-26 所示。

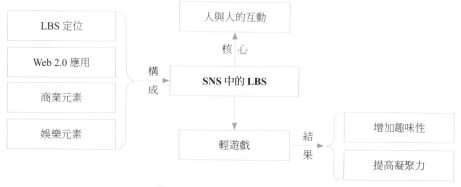

圖 7-26 社群網路服務中的 LBS

被互聯網所包圍的時代裡，人們透過 SNS 這類的社群應用網站，處理和發展人際關係，在這過程中，利用 LBS 的應用，從空間上給予人們溝通與聯繫的幫助，並能更進一步地相互暸解。

7.1.4 移動大數據下 LBS 的未來發展

在移動大數據環境下，LBS 可以覆蓋生活中的各個方面，這是由於其自身的作用所決定的─它能夠廣泛提供動態地理空間資訊。隨著社會的不斷發展，其未來應用將進一步擴大，並在一定程度上改變人們的生活，如圖 7-27 所示。

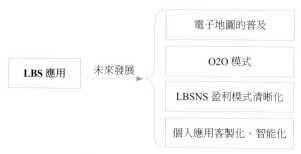

圖 7-27 LBS 應用的未來發展

1. 電子地圖的普及

電子地圖在提供基礎地圖服務的同時，也提供了大量生活服務資訊，這一方便人們生活的功用，已使得移動電子地圖用戶量保持著快速增長的趨勢，未來將會更快速的發展。

2. O2O 模式

O2O 模式改變了傳統行業的交易方式，它是一種線上交易、線下服務的模式，在這一過程的實現中，LBS 定位和追蹤技術把消費者和商家連接在一起。LBS 應用的普及是 O2O 模式發展和延伸的一個非常重要的條件。

3. LBSNS 盈利模式清晰化

基於前面提到的 O2O 模式的發展，未來 LBS 與 SNS 融合的模式即「LBSNS」逐漸清晰，其具體內容如圖 7-28 所示。

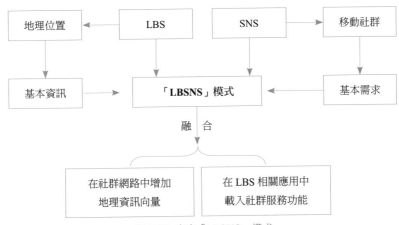

圖 7-28 未來「LBSNS」模式

4. 個人應用客製化、智能化

向用戶提供智能化和客製化的位置服務是 LBS 應用的發展趨勢。透過對用戶的行為軌跡數據進行分析處理，可以建立起用戶行為特徵模型，根據這一行為特徵模型，提供用戶位置的客製化、智能化服務的精準行銷目標，並在此基礎上進一步提升用戶體驗。

7.2 移動大數據下的 LBS 行銷策略

基於 LBS 的確定用戶精準位置並為其提供所在位置的資訊服務的功能，人們可以透過移動終端搜尋周邊的商品或服務，快速進行交易。在這一交易模式下，傳統的行銷策略已經在一定程度上失去了意義，商家和企業應該在移動大數據環境下，充分利用移動 LBS，以實現自身的行銷目的。具體來說，移動大數據下的 LBS 行銷策略主要表現在五個方面，如圖 7-29 所示。

圖 7-29 移動大數據下的 LBS 行銷策略

7.2.1 移動大數據下 LBS 的個性推薦

　　一打開手機或其他移動終端上的網路平臺進行搜尋，各種資訊撲面而來，其中的商品琳琅滿目讓人眼花繚亂，人們想要在其中找到自己需要的商品，如果一件件看的話，將是一項巨大的「工程」，更何況其中還摻雜著大量無關的資訊和產品，因此人們往往會選擇自己感興趣的而排除一些其他自認為不必要的，以此來解決資訊超載問題。

　　人們在搜尋和瀏覽過程通常有一定的規律可循，移動大數據下的 LBS 行銷推出了更能滿足用戶需求和契合用戶心意的個性推薦行銷策略，基於 LBS 的客製化推薦引擎應運而生，如圖 7-30 所示。

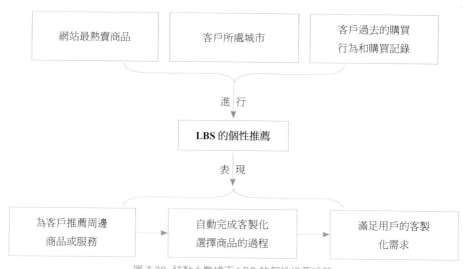

圖 7-30 移動大數據下 LBS 的個性推薦行銷

7.2.2 移動大數據下 LBS 的用戶定位

移動大數據環境下，大數據成為實現精準行銷的數據基礎。透過「大數據」這一重要基礎，可以實現洞察用戶行為的目的，進而達到精確行銷的目標。在這一過程中，LBS 定位和追蹤技術發揮著至關重要的作用，如圖 7-31 所示。

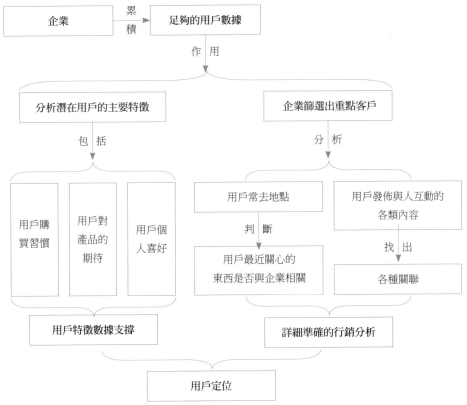

圖 7-31 移動大數據下 LBS 的客戶定位

7.2.3 移動大數據下 LBS 的簽到模式

所謂「簽到」，即地理位置簽到服務。它可將相關地理位置資訊，透過互聯網或移動終端同時「簽到」到多個地理位置服務的應用模式。可以說，它是一種利用人的簽到習慣進行各種有關行銷資訊的傳送，如圖 7-32 所示。

圖 7-32 移動大數據下 LBS 的簽到模式行銷策略

7.2.4 移動大數據下 LBS 的危機追蹤

移動大數據環境下的品牌行銷，除了在正能量方面不斷進行品牌傳播、行銷推廣外，還應該對大數據進行分析，注意品牌潛在的行銷危機，做到提前洞悉，如圖 7-33 所示。

圖 7-33 移動大數據下的 LBS 危機追蹤與處理

可見，透過移動大數據可以快速找準方向，進行危機處理。更重要的是，在這一大數據分析過程中，還能透過大數據分析，增強品牌傳播的有效性，減少客戶流失。

7.2.5 移動大數據下 LBS 的消息更新

在互聯網全覆蓋的環境下，想要實現精準行銷，「資訊」是其中一個非常重要的社會元素，資訊的即時更新是非常重要的一環，蘑菇團的「更新資訊」就是典型的應用表現，如圖 7-34 所示。

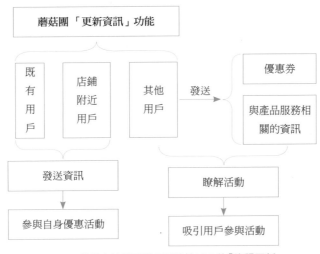

圖 7-34 移動大數據下蘑菇團基於 LBS 的「資訊更新」

7.3 移動大數據下的 LBS 行銷案例

移動大數據環境下的 LBS 是一種基於位置的服務，其能實現對用戶的精準位置定位，在這一基礎上實行的行銷策略，與大數據和互聯網相結合，能使行銷更具有針對性和智能性，這在眾多 LBS 應用行銷案例中得到了充分體現。以下五個例子就是 LBS 應用下的行銷案例。

7.3.1 【案例】餐飲行業：LBS 的定位應用

衣、食、住、行，是人們一直關注的話題，而其中的「食」，又是最重要的一個方面，所以 LBS 定位在餐飲業方面能得到廣泛應用也就不足為奇了。

例如，「美團」作為中國最早、口碑最好的團購網，在這裡，用戶可以輕鬆解決「食」的問題。

步驟 01 用戶進入「美團」，在其左上角可以看到「美食」選項，點擊打開，如圖看到「美食」這一介面，顯示出各種美食商家選擇和排行選擇，且這一介面會是用戶附近範圍內的商家，如圖 7-35 所示。

圖 7-35 「美團」主介面和「美食」介面

步驟 02 用戶點擊「美食」介面上的「智能排序」選項，會出現「離我最近」「好評優先」和「人氣最高」三個選擇，選擇「人氣最高」選項，如圖 7-36 所示。

圖 7-36 點擊「智能排序」的「人氣最高」選項

步驟 03 用戶可以從其中選擇一家看中的餐聽，點擊進入出現與這一餐廳相關的各種資訊，以及客戶評價，如圖 7-37 所示。

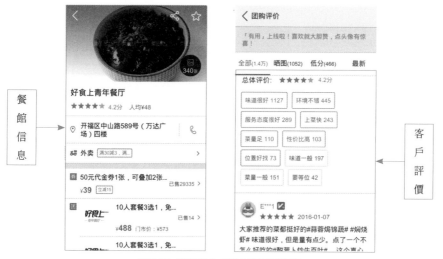

圖 7-37 點擊進入查看各類具體資訊

透過這一系列操作，用戶可以選擇附近的個人認為合適的餐廳前往就餐，或購買外賣，完成「食」的 LBS 定位應用。

7.3.2 【案例】騰訊地圖：LBS 的全景行銷

現在的電子地圖如騰訊地圖、百度地圖等都推行全景模式，這種模式的應用讓用戶在進行地圖資訊搜尋時有一種身臨其境的感覺。如圖 7-38 所示的騰訊地圖是中國第一家高清街景地圖。

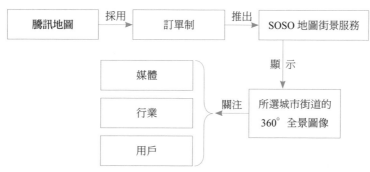

圖 7-38 騰訊地圖全景模式

騰訊地圖推出的 SOSO 高清街道全景模式為用戶提供很好的景點資訊搜尋，用戶透過移動終端就可以看到景點的高清全景圖像，展現「線上旅遊」的功能，如圖 7-39 所示。

圖 7-39 騰訊地圖線上旅遊

　　騰訊地圖的 SOSO 地圖街景服務除了在旅遊行業的應用外，在其他領域也有著其獨有的應用價值，如圖 7-40 所示。

圖 7-40 騰訊地圖的 SOSO 地圖街景服務用途

7.3.3 【案例】一嗨租車：LBS 定位便捷服務

　　LBS 是一種提供位置的服務工具，因而它在交通這一旨在實現位置變換的行業方面的應用更是發展迅速，「一嗨租車」即在這一時代發展趨勢和行業優勢中崛起，如圖 7-41 所示。

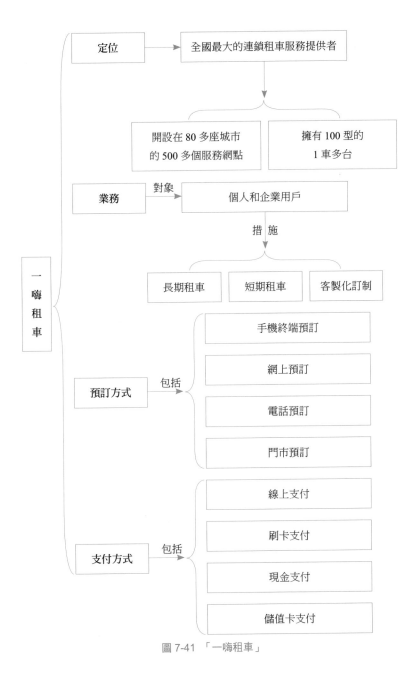

圖 7-41 「一嗨租車」

「一嗨租車」，不僅提供移動終端用戶更便利的租車服務，對內更是注重其後台整合、優化車輛調度和出租率、周轉率的優化，從而節省成本和提高利潤。可以看出，「一嗨租車」是移動大數據環境下基於位置的 LBS 應用的典型代表之一。

7.3.4 【案例】好大夫線上：LBS 定位找醫生

在醫療行業方面，LBS 的應用同樣取得了顯著成就，作為中國領先的醫療資訊和患者互動平臺的「好大夫線上」就是其中一個典型例子。自 2013 年以來，它在手機端 APP 中增加了 LBS 功能，使患者找到好醫生的途徑更加便捷，同時線上訂單轉換也更加快速有效，如圖 7-42 所示。

圖 7-42 「好大夫線上」

移動大數據下的「好大夫線上」，LBS 定位是有著其更便捷的用戶應用方式，如圖 7-43 所示。

圖 7-43 「好大夫線上」的用戶應用

其實，「好大夫線上」的應用不僅體現在患者方面，也對醫生和醫院產生影響，如圖 7-44 所示。

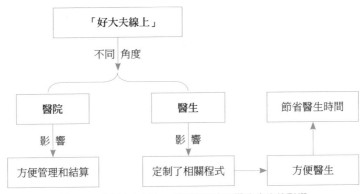

圖 7-44 「好大夫線上」應用對商家和醫生產生的影響

7.3.5 【案例】BYD 雲端服務：LBS 車載互聯系統

比亞迪是中國汽車行業的國產品牌，也推出了具有多種服務的雲端服務車載互聯系統，如圖 7-45 所示。

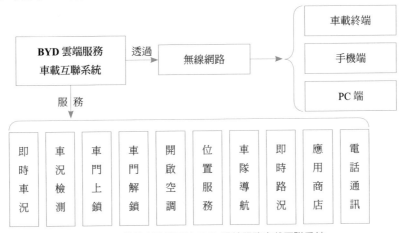

圖 7-45 移動大數據下的 BYD 雲端服務車載互聯系統

由圖 7-45 可以看出，移動大數據下的車載互聯系統，其功能更豐富，且這些功能可以實現車載、手機和 PC 端的連接，能夠給客戶帶來更為便利的用車服務，在人與車之間完成協作互動。

移動 O2O，線上線下
的移動大數據

移動大數據環境下的 O2O 行銷模式，透過移動用戶端這一關鍵工具完成了線上與線下的互動閉環，在引起人們生活方式改變的同時，也帶來了市場這一廣闊領域從購物平臺、支付方式到企業（商家）等的重大變化和前所未有的契機。

移動 O2O，線上
線下的移動大數據

移動大數據下的 O2O 模式

移動大數據下的 O2O 行銷

移動大數據下的 O2O 行銷案例

8.1 移動大數據下的 O2O 模式

在移動大數據環境下，人們的衣、食、住、行等方面都能透過網路購物來滿足生活需求，O2O 這種隨著電子商務和網購而出現的行銷模式，在移動互聯網時代進一步發展，越來越多的消費者選擇了這一更實惠、更便捷的模式購物。

8.1.1 O2O 模式的基本概念和發展

O2O（Online To Offline）模式，是指互聯網的線上交易平臺與線下商務機會緊密結合的行銷模式。也就是說，O2O 就是一種線上線下的行銷模式，在涉及的廣泛領域內，凡是產業鏈的行銷涉及線上又涉及線下的，都可稱為 O2O 模式。

從企業或商家方面來說，O2O 模式具有四大組成要素，具體內容如下。

- 獨立的網路商城的建立與存在。
- 國家級權威行業可信網站認證。
- 線上網路廣告資訊的行銷推廣。
- 全面社群媒體與客戶線上互動。

從 O2O 模式的組成要素可以看出，一個標準 O2O 模式的流程包括四點，如圖 8-1 所示。

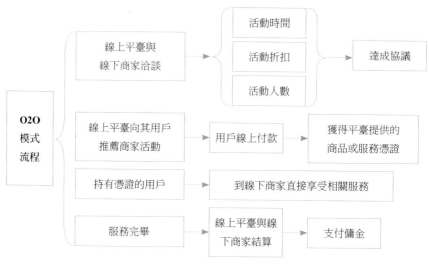

圖 8-1 標準 O2O 模式流程

O2O 模式這一概念是由美國的青年創業家 Alex Rampell 提出的。這一概念的提出是在綜合分析 Groupon、OpenTable、Restaurant.com 和 SpaFinder 等公司的共同點後提出的，它們的共同點是促進了線上一線下商務的發展。

Alex Rampell 定義的 O2O 商務模式的核心，是線上支付與線下門市客戶客流量的結合，透過網上尋找消費者，再把消費者帶到線下門市中，進行線下商品或服務消費。

目前，O2O 模式在中國已取得較快發展，比較著名的涉及 O2O 模式行銷的電子商務企業有百度、阿里巴巴和騰訊等。

在互聯網時代，百度逐漸向 O2O 模式的方向邁進，如旗下的「百度團購導航」就是如此，出現了「百度糯米」等團購 APP，如圖 8-2 所示。

圖 8-2 百度糯米

在整合資訊點評模式和各種優惠活動的基礎上，百度的 O2O 模式的行銷得到進一步發展。

阿里巴巴是運用 O2O 模式最早和佈局鏈條最長的一家企業，其在佈局上的 O2O 模式發展迅速，如圖 8-3 所示。

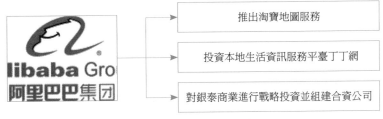

圖 8-3 阿里巴巴的佈局鏈條

從阿里巴巴的 O2O 模式行銷來說，主要有三個方面，具體內容如下。

- 一淘網一旗下比價網店，提供二維碼掃碼進行比價。
- 淘寶地圖—LBS 定位的生活資訊搜尋和推薦。
- 支付寶一與線下商家達成合作的線上支付工具。

相對於阿里巴巴和百度而言，騰訊有著其獨特的 O2O 模式銷售路徑，即「二維碼 + 帳號體系 +LBS+ 支付 + 關係鏈」。在這一路徑中，「微信掃描二維碼」成為其 O2O 模式的典型應用，如圖 8-4 所示。

圖 8-4 騰訊微信掃描二維碼

8.1.2 移動大數據下 O2O 模式的優勢

在移動互聯網時代，在 O2O 模式的行銷過程中，透過網購的導購，消費者既可享受線上價格的優惠，又可享受線下精緻的服務，實現了互聯網線上平臺與線下門市的完美結合，讓互聯網真正落地。另外，在實現共贏方面，O2O 模式促進和實現了不同商家聯盟的共同發展。

隨著移動互聯網的發展，O2O 模式也隨之進一步發展，在互聯網時代的 O2O 模式優勢的基礎上，移動大數據環境下的 O2O 模式優勢主要表現在五個方面，具體內容如下。

1. 資源優勢

在移動大數據環境下，O2O 模式有著明顯的資源優勢，從而促成用戶線上上平

臺完成與線下商家的商品和服務的交易,如圖 8-5 所示。

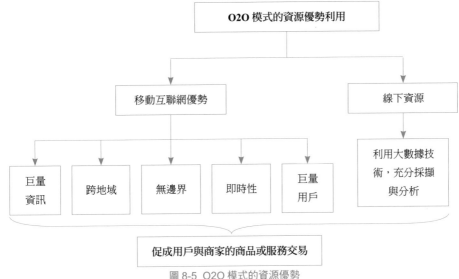

圖 8-5 O2O 模式的資源優勢

2. 推廣優勢

在移動大數據環境下,O2O 模式的行銷推廣將更加精準,滿足用戶的客製化商品和服務需求,如圖 8-6 所示。

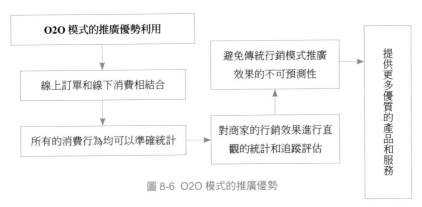

圖 8-6 O2O 模式的推廣優勢

3. 服務業優勢

從服務業領域來說,O2O 模式具有價格便宜、購買方便與及時獲得折扣資訊等優勢。

4. 電子商務優勢

從電子商務來說，O2O 模式將電子商務發展向上的拓寬，從規模化走向多元化。

5. 客戶體驗優勢

從客戶體驗來說，O2O 模式實現了客戶的「售前體驗」。透過移動互聯網，O2O 模式結合了線上線下的資訊和體驗環節，使得因資訊不對稱而遭受價格蒙蔽的消費者能從中走出，實現最佳用戶體驗。

由上述可知，O2O 模式的優勢表現在：線上上產生訂單，透明度高的行銷推廣效果，可追蹤的交易資料。

8.1.3 移動大數據下 O2O 模式的商業用途

在瞭解 O2O 模式的優勢後，接著說明這些優勢方面的商業用途，它將在行銷管道、行銷方式、產品生產和用戶定位四個方面得以應用。

1. 行銷管道

從行銷管道的發展脈絡來說，它經歷了三個階段，即單管道行銷時代、多管道行銷時代、全管道行銷時代。

在單管道行銷時代，是以巨型實體連鎖店面為主的時代，這些實體店面的覆蓋範圍僅達周邊區域，且管道單一，漸漸步入行銷困境。

在多管道行銷時代，以網路商店的誕生與發展為標誌，建立了線上與線下的雙管道行銷的基礎。但這一新形成的行銷管道模式在有著其優勢的同時，也面臨著三個方面的發展難題，如圖 8-7 所示。

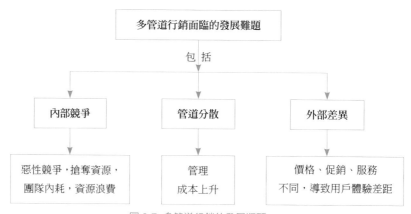

圖 8-7 多管道行銷的發展瓶頸

O2O 模式在多管道行銷時代誕生，經過發展後，在全管道行銷時代成就了其黃金時期的發展。在這一階段中由於移動互聯網，讓 O2O 能結合線上與線下，帶來企業與消費者雙贏的局面。關於全管道行銷，如圖 8-8 所示。

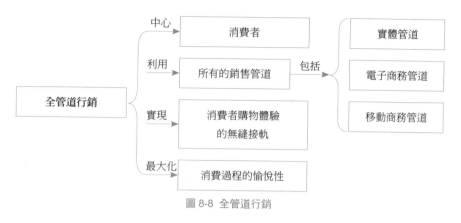

圖 8-8 全管道行銷

在全管道行銷時代，企業和商家利用新技術，結合了實體店和移動管道的優勢利用下的 O2O 行銷模式。

2. 行銷方式

O2O 模式，從其本質來說，就是一種包含較廣的行銷方式的呈現，因而 O2O 模式的行銷應用主要表現在兩個方面：一是企業品牌的傳播方式；二是企業產品的促銷方式。

在企業品牌的傳播方式上，O2O 模式透過微博、微信等移動社群網路，實現了移動互聯網時代的病毒蔓延式傳播，傳播成本低且傳播速度快，是對傳統品牌傳播方式的延伸。

在企業產品的促銷方式上，傳統單純的街頭發送廣告傳單已不適用這個時代了，在移動大數據時代下，O2O 的產品促銷方式，如圖 8-9 所示。

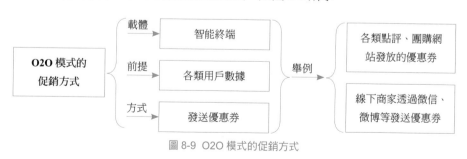

圖 8-9 O2O 模式的促銷方式

在 O2O 模式的促銷方式中，透過對線上線下流量探測和各種數據的收集方式，分析商家原有的用戶消費資訊，再進行更加精準的資訊傳送和促銷資訊發放，以達到精準行銷的目的，O2O 模式是以大數據技術和移動互聯網為支撐來促進行銷活動進一步完成的。

3. 產品生產

從產品生產來說，O2O 模式不僅由用戶參與產品生產，也是由用戶定義產品，讓用戶參與設計產品，並根據用戶的回饋意見做產品改進，如雕爺牛腩「專注、極致、口碑、快速」的互聯網思維下的產品生產，就是注重用戶參與的結果，如圖 8-10 所示。

圖 8-10 雕爺牛腩

4. 用戶定位

互聯網時代「以用戶為中心」的商業模式，決定了 O2O 這一行銷模式同樣也已用戶為中心，對用戶做精準識別和精準定位，並進行精準行銷。O2O 模式在用戶定位上的作用主要表現在兩個方面，具體內容如下。

- 既有用戶的精準細分。
- 共同特徵用戶的聚集。

而在用戶的聚集上，O2O 模式比較常用的方式是群眾募資與自媒體，這是利用新的組織樣式建立起來的 O2O 模式下產業鏈上的重要力量。

8.2 移動大數據下的 O2O 行銷

隨著移動互聯網的興起，O2O 模式逐漸改變了消費者在生活服務類商品和服務方面的消費行為，產生了線上和線下的互動。那麼，O2O 模式在行銷方面究竟有著怎樣的內容和行銷實踐？下面將從其行銷特點、行銷策略、行銷平臺和行銷模式四個方面瞭解 O2O 模式。

8.2.1 移動大數據下的 O2O 行銷特點

具體來說，O2O 模式包含三個必要的元素，即用戶、商家和平臺。因此，關於O2O 行銷特點也將從這三個角度來進行闡述。

1. 用戶方面

從用戶角度來說，O2O 行銷將在資訊搜尋、資訊諮詢和商品價格三個方面來體現它的行銷特點，如圖 8-11 所示。

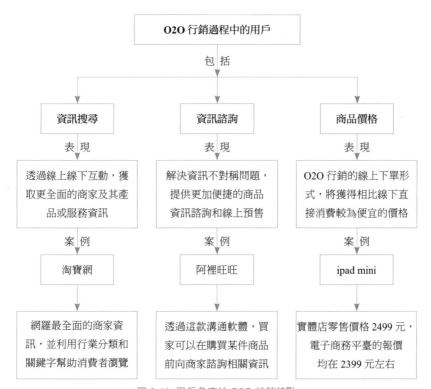

圖 8-11 用戶角度的 O2O 行銷特點

2. 商家方面

從商家角度來說，在現有的商家觀點裡，O2O行銷可以由商品宣傳、行銷效果和商品成本三個方面體現其行銷特點，如圖8-12所示。

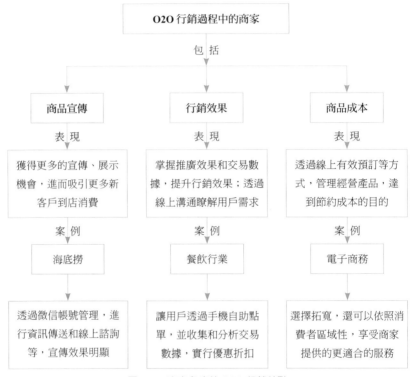

圖 8-12 商家角度的 O2O 行銷特點

對新的商家來說，O2O行銷將更快地促進消費的發生。無論是新品的行銷推廣，還是新店的行銷推廣，O2O下單後進店的方式在推廣上是很容易得出其行銷效果的。如吉野家速食，其透過微信平臺和O2O模式，進行新品上市促銷活動，取得了極大的成功。這可以說是O2O行銷模式的典型案例。

3. 平臺方面

從平臺角度來說，O2O行銷可以從與用戶的關係、行銷推廣、現金流和平臺收入四個方面體現其行銷特點，如圖8-13所示。

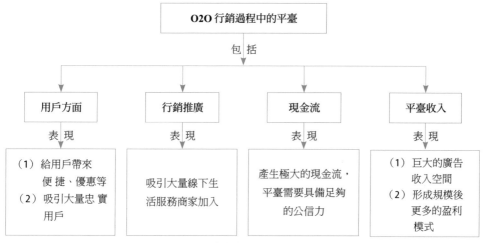

圖 8-13 平臺角度的 O2O 行銷特點

8.2.2 移動大數據下的 O2O 行銷策略

O2O 是一種非常注重用戶參與的行銷模式，具體內容如下。

- 讓用戶**在參與**中明白將帶給他們的價值。
- 怎樣讓用戶**積極參與**並找到產品和服務。

由此可見，「參與即行銷」是 O2O 行銷的核心思想。從這理念出發，O2O 行銷策略主要有三點，如圖 8-14 所示。

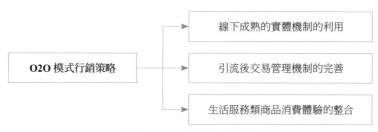

圖 8-14 O2O 模式行銷策略

關於 O2O 模式行銷策略，其具體內容如下。

1. 線下成熟的實體機制的利用

具體來說，O2O 模式儘管是以線上行銷為主戰場的模式，但線下成熟的實體機

制的利用，才是實現 O2O 行銷的關鍵。企業可以透過微博、SNS 分享、視頻進行線上行銷，達到將消費者引向實體門市的目的。

2. 引流後交易管理機制的完善

在 O2O 行銷的管理中，透過線上平臺完成的交易和線下實體店面內完成的交易，兩者都會統一納入資料管理庫中，如圖 8-15 所示。

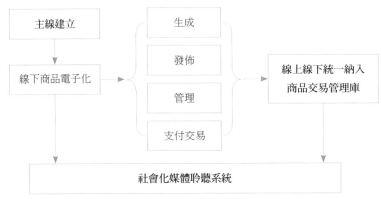

圖 8-15　O2O 行銷線上引流後交易管理體制的完善

3. 生活服務類商品消費體驗的整合

對生活服務類商品或服務的消費體驗進行整合，並對其進行線上消費體驗分享，從而將線上消費者引流到實體店面進行商品或服務體驗。這樣的 O2O 行銷策略，一方面，能加大線上商店的傳播和影響，從而吸引客戶；另一方面，也能建立更加穩固的線下消費群體，有效遏制線上電子商務企業的進攻。

8.2.3　移動大數據下的 O2O 行銷平臺

對生活服務類商品或服務的消費體驗進行整合，並對其進行線上消費體驗分享，從而將線上消費者引流到實體店面進行商品或服務體驗。這樣的 O2O 行銷策略，一方面，能加大線上商店的傳播和影響，從而吸引客戶；另一方面，也能建立更加穩固的線下消費群體，有效遏制線上電商企業的進攻。

1. O2O+ 手機用戶端行銷平臺

隨著智慧手機的廣泛應用，特別是 4G 網路全面覆蓋，移動互聯網獲得高度發展，手機用戶端作為客戶與線上企業之間的介質之一，利用手機上網已成為一個與網路

接觸和使用的主要趨勢。眾多商家抓住這一發展趨勢和商機，積極利用手機用戶端平臺，開拓手機用戶端 O2O 行銷新模式。

在利用手機用戶端進行 O2O 行銷的案例中，蘇甯電器的蘇甯易購就是成功的一例，如圖 8-16 所示。

圖 8-16 蘇寧電器手機用戶端

2. O2O+LBS 定位行銷平臺

LBS 基於位置服務與 O2O 模式的結合下，形成了一種新型的精準行銷模式。一方面，誕生於 LBS 與電子商務交界處的移動產品與網路，成為 O2O 模式與 LBS 位置服務結合的基礎與載體，透過它們，進行線上線下正式整合，建立新型的行銷平臺。另一方面，LBS 還能夠支援動態地理位置的資訊服務，用戶透過它可以查詢住宿、購物和交通等多方面的資訊。

在 O2O+LBS 行銷平臺上，企業和商家可以更方便地找到客戶，節約宣傳成本和進行精準客戶定位，實現移動大數據環境下的 O2O 模式精準行銷。

3. O2O+ 支付平臺

在移動互聯網時代，支付平臺逐漸多元化與成熟化的基礎上，O2O 模式在支付領域佔據了重要位置，利用這一支付平臺進行服務與產品交易，而這一平臺的發展反過來又促進了 O2O 行銷模式的發展與完善。

在有支付平臺參與的 O2O 行銷案例中，匯銀豐集團不僅與多個商家建立了戰略合作關係，更在「匯貝生活」平臺的研發上加入大量人力和資金投入，最終在其精心策略下，建構完成一個匯集「支付＋行銷＋移動」等多功能於一體的行銷管理平臺。

4. O2O+NFC 行銷平臺

NFC 是建立在射頻識別和互連技術基礎上的近距離無線通訊技術。這一技術與 O2O 行銷模式結合形成了 O2O+NFC 行銷平臺,在 O2O+NFC 行銷平臺上,用戶可以利用手機帶有的 NFC 模組設置多種功能應用,如交通一卡通、機場登機驗證、信用卡、大廈的門禁鑰匙等,基於這些功能,O2O+NFC 平臺目前已被廣泛應用到大小商家的 O2O 行銷策略系統中,如圖 8-17 所示。

圖 8-17 NFC 手機支付

8.2.4 移動大數據下的 O2O 行銷模式

O2O 行銷模式是指線上行銷和線上支付帶動線下消費的商務模式,在這一模式下,有著多種行銷模式,其中常見的有三種,即廣場行銷模式、代理行銷模式和商城行銷模式,具體內容如下。

1. 廣場行銷模式

O2O 的廣場行銷模式是一種網路平臺,為消費者提供商家發佈的資訊服務模式,這些資訊包括導購、搜尋和大眾評論等,網路平臺正是透過這些資訊的發佈來獲得傭金,而具體的需求內容只能透過線下商家來提供。採用這類行銷模式的有趨集網、大眾點評網等。

2. 代理行銷模式

O2O 的代理行銷模式,是一種由線上引流到線下消費的行銷模式,通常採用優惠券和預訂等方式來實現行銷目的,其與廣場行銷模式的相似之處在於網路平臺收取傭金分成和具體服務內容透過線下商家來提供。採用這類行銷模式的有美團網、布丁優惠券、拉手網等,如圖 8-18 所示。

圖 8-18　布丁優惠券與拉手網

3. 商城行銷模式

O2O 的商城行銷模式，是一種與其他兩種有著明顯區別的行銷模式，基於這種模式的行銷，用戶可以直接透過線上商城來完成商品購買和解決問題，其中企業主要是進行整合行業資源來構建行銷管道，並收取傭金。採用這類行銷模式的有易到用車、到家美食會等，如圖 8-19 所示。

圖 8-19　到家美食會

8.3 移動大數據下的 O2O 行銷案例

在移動大數據時代，O2O 行銷模式具有的各方面優勢，使其在激烈的商場競爭中佔據了有利地位，因此眾多企業和商家致力於 O2O 模式發展格局的構建，開展 O2O 行銷。下面就透過一些關於 O2O 行銷的成功案例介紹來解讀 O2O 模式的發展。

8.3.1 【案例】阿里巴巴：線上線下的合作共贏

阿里巴巴集團主要為網上商家提供商機資訊和線上交易市場，是一家全球企業兼電子商務的網路平臺企業。

在移動大數據環境下，阿里巴巴的商業模式是把線上消費者引流到線下實體店面，透過支付寶來完成支付，並在消費過程中收集和分析數據資訊，實現精準行銷。可見，其 O2O 行銷模式已經發展成熟，其主要經歷了三個步驟，如圖 8-20 所示。

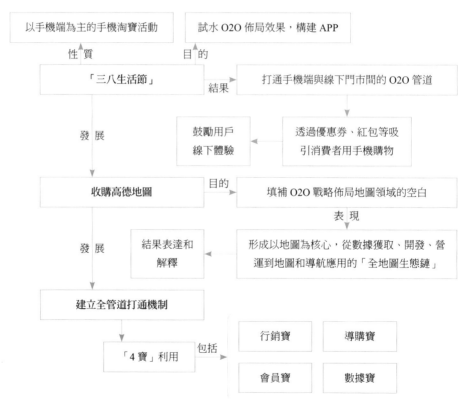

圖 8-20 阿里巴巴的 O2O 行銷模式發展

8.3.2 【案例】聚美優品：雙管道行銷的實現

聚美優品是一家著名的女性團購網站，主要以品牌化妝品和護膚品為主，如圖 8-21 所示。

圖 8-21 聚美優品

從 O2O 行銷模式方面來說，聚美優品設立線下旗艦店，達成 O2O 行銷全管道服務。一方面，在其旗艦店內，透過隨處可見的其 APP 二維碼掃描，來實現線上和線下的互動；另一方面，聚美優品的線下旗艦店的設立，將解決消費者的信任度問題，從而有利於線上與線下行銷的發展。

聚美優品的 O2O 行銷模式是以移動互聯網平臺＋大數據＋二維碼掃描所構建成的行銷模式，具體內容如下。

- 透過移動互聯網平臺實現全管道的線上線下服務；
- 利用企業自身的大數據技術的分析和採擷能力；
- 線下旗艦店內品牌 APP 的二維碼掃描引流行銷。

8.3.3 【案例】寶島眼鏡：O2O 雙線行銷之路

寶島眼鏡是一家專業的眼鏡連鎖經營品牌企業。在移動大數據環境下，同樣也發起了 O2O 行銷模式，以探求新時代的發展出路。

在寶島眼鏡向 O2O 行銷轉型過程中，主要經歷了三個階段，具體內容如下。

1. 大數據技術的利用

寶島眼鏡的 CIC（Customer interactive Center）就是大數據技術的應用，如圖 8-22 所示。

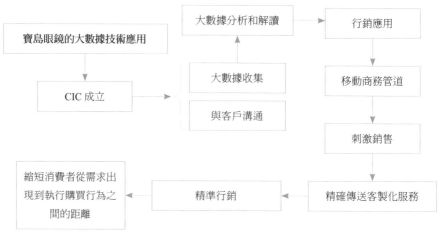

圖 8-22 寶島眼鏡的大數據技術應用

2. O2O 行銷模式的構建

要實現向 O2O 行銷的轉型，關鍵還是 O2O 行銷模式的構建。寶島眼鏡透過與天貓和七樂康等合作，在商品兌換券和「免費驗光」服務等手段的營運下，實現將線上消費者引流到實體門市內，在產品的線下組合的行銷需求下，最終形成了發展 O2O 行銷的基礎。

3. 精準行銷的實施

其實，在大數據時代，O2O 是一個因應而生的行銷模式，同時也為企業達到最精準的行銷。

寶島眼鏡與大眾點評網合作，著手進行「O+O」（線上與線下融合）管道建設，致力於下四個方面全力合作。

- 店面資訊管理。
- 會員行銷管理。
- 驗光預約服務。
- LBS 位置行銷。

在合作過程中，寶島眼鏡透過大眾點評和移動終端的一體化消費者體驗，依據大數據技術和 O2O 行銷模式，進一步實現產品的精準行銷目標。

8.3.4 【案例】95081：家政 O2O 模式

95081 家庭服務中心，是一家主要為家庭用戶為主，提供便民、預訂、資訊和養老等服務的家庭服務中心，如圖 8-23 所示。

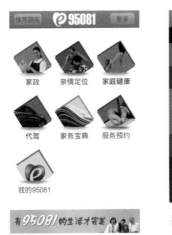

圖 8-23 95081 家政服務

在與淘寶網的合作方案——「生活家，就是愛輕鬆」小時工 2 小時服務活動中，不僅累積了用戶數據，更豐富了淘寶網的生活服務內容，從 95081 的角度而言，它將在這一活動中使其品牌得以推廣，引導和促進用戶消費。

在 95081 的 O2O 家政行銷中，主要分為線上交易環節和線下服務環節。線上交易環節中，透過淘寶平臺實現對接，並在其自身呼叫中心和微信公眾帳號等的配合下，完成線上交易環節；線下服務環節，則是 95081 的獨立負責領域，並在服務後收集回饋資訊。而 95081 的 O2O 行銷手法，除了為 95081 與淘寶網帶來雙贏的契機，同時也提供了就業機會。

8.3.5 【案例】中國銀聯：O2O 模式的進軍路

中國銀聯能夠為用戶提供全方位的銀行卡資訊與服務，是中國最權威的銀行卡入口網站。在向 O2O 模式進軍的過程中，項目的開發是其主要措施，具體內容如下。

1. 中國獎勵專案

這一項目主要是透過持卡人在其加盟商家內持卡消費以獲得獎勵積分的方式，來打通 O2O 行銷模式中的自身線上平臺和線下資源。

2. 「銀聯錢包」APP

在「銀聯錢包」APP 應用程式中，持卡人透過網站或手機用戶端下載優惠資訊，並可在刷卡消費時享受到優惠資訊中提供的優惠權益。

在移動大數據環境下，「銀聯錢包」提供的開放式平臺能夠對持卡人的消費行為等數據資訊進行搜集和分析，從而支援銀行為持卡人提供差異化服務，做到資訊精準傳送。中國銀聯的 O2O 模式通過增值服務對商家和持卡人產生影響，獲得社會效益。

移動 APP，手機終端
的移動大數據

隨著大數據、移動互聯網技術的發展，智慧手機、平板電腦等終端設備正在改變整個市場。

用戶每天透過移動 APP 產生大量的數據資訊，這些非結構化的數據透過大數據技術採擷之後，能對企業產生意想不到的價值。

	移動大數據下的 APP 概述
移動 APP，手機終端的移動大數據	移動大數據下的 APP 行銷
	移動大數據下的 APP 行銷案例

9.1 移動大數據下的 APP 概述

作為協力廠商應用，APP 一直受到企業的重視，隨著互聯網、移動大數據技術的逐步開放，APP 已經能為移動大數據提供更多的行為數據，這些數據的作用和意義如圖 9-1 所示。

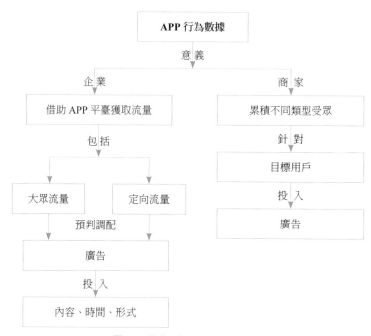

圖 9-1 移動大數據的作用和意義

移動大數據時代下的 APP 主要依託如圖 9-2 所示的方式，才讓廣告投入更加精準有效，品牌傳播更有價值。

圖 9-2 移動大數據時代的 APP 行銷方式

9.1.1 APP 的定義和行銷

APP 也稱為行動應用程式，是智慧手機上供人們使用並獲得某些基本需求的應用程式，這些基本需求包括五個方面，如圖 9-3 所示。

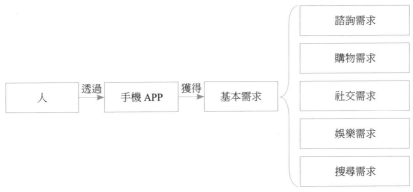

圖 9-3 人們透過手機 APP 獲得基本需求

當人們逐漸習慣了使用 APP 用戶端上網後，各大電子商務開始在 APP 領域上研究，這也就意味著 APP 用戶端開始在移動大數據領域初露鋒芒。

APP 不僅是移動設備上的一個用戶端那麼簡單，對於用戶和企業來說，它還具備很多其他功能和作用，如圖 9-4 所示。

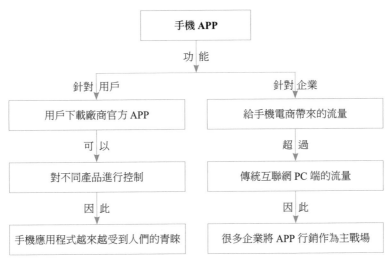

圖 9-4 APP 對用戶和企業的功能和作用

隨著越來越多的互聯網企業、電商平臺將 APP 作為銷售的主戰場之一，APP 端每天增加的流量更加突顯，因此也為移動大數據打下了基礎。透過移動端 APP 的數據收集，企業能夠更加瞭解用戶的需求，從而為用戶提供更精準的服務來提升用戶活躍度和滿意度。在移動大數據時代，移動 APP 透過大數據涵蓋並解決了生活中的各種需求，如圖 9-5 所示。

圖 9-5 移動 APP 透過大數據分析

關於移動 APP 大數據分析給企業帶來的商業價值，可以透過人們使用 APP 的數據調查來看，如圖 9-6 所示

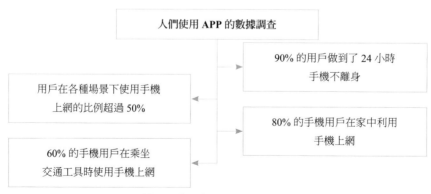

圖 9-6 人們使用 APP 的數據調查

從圖 9-6 可以看出，手機在移動大數據領域的重要性日益增劇，成為時刻線上的移動互聯網設備。

9.1.2 APP 行銷的優勢解讀

由於移動互聯網的快速發展以及智慧手機的異軍突起和迅速普及，移動 APP 行銷已成為主流，這也為移動大數據帶來了更為廣闊的發展空間。移動大數據時代，APP 行銷之所以能夠成為主流，最主要的原因是其與 PC 端普通網站行銷相比存在巨大的優勢，具體內容如圖 9-7 所示。

圖 9-7 APP 行銷的優勢

9.2 移動大數據下的 APP 行銷

在市場行銷方面，需要公司提供大數據分析，例如，企業洞察特定市場板塊或業務流程、及時回饋數據，從而得到盡可能多的調查物件。任何形式的行銷模式，最終目標都是為商家找到穩定的、高品質的客戶源，但要達到此目標，就必須精準定位。由於移動互聯網的用戶大多時候是處於移動的狀態，因此 APP 的移動性就為大數據精準行銷提供了更多的可能。

9.2.1 內容為王

內容為王是 APP 行銷服務在移動大數據中的主要表現形式，其涉及的方面與形式較多，具體內容如圖 9-8 所示。

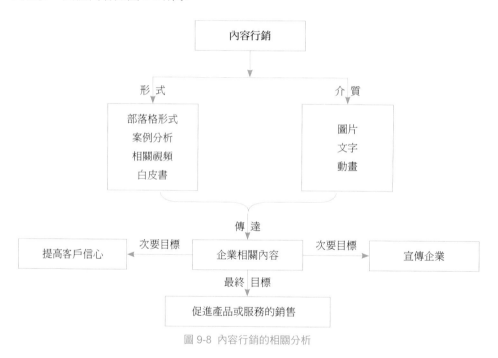

圖 9-8 內容行銷的相關分析

內容行銷的重點在於內容本身，內容本身又分為諸多方面，如時下熱門話題、具有實戰意義的內容、連貫性的內容等，下面具體分析這三個方面的內容行銷，以瞭解不同內容在移動大數據中的意義。

1. 時下熱門話題

在移動互聯網時代，時下熱門話題永遠最奪人目光，如網路紅人、知名部落客、熱門新聞等，這些能為企業在移動大數據領域創造很大一部分價值，具體內容如圖9-9所示。

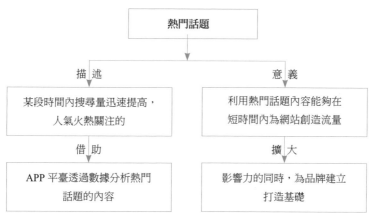

圖 9-9　熱門話題的介紹

2. 具有實戰意義的內容

在移動大數據時代，雖然 APP 打造品牌的內容很少有實戰性的內容，但是其卻是不可缺少的組成部分，關於實戰性內容的相關分析如圖 9-10 所示。

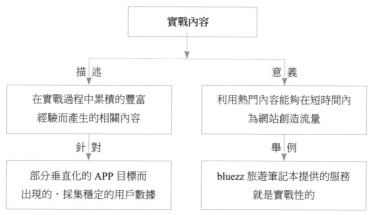

圖 9-10　實戰內容的介紹

3. 連貫性的內容

移動互聯網的一大特性就是內容不連貫，而傳統出版行業在這方面卻做得很優秀。因此，傳統出版社在互聯網閱讀環境的影響下依然能夠保持著一定的地位。而在 APP 大數據行銷中，連貫性內容有時候也很重要，相關分析如圖 9-11 所示。

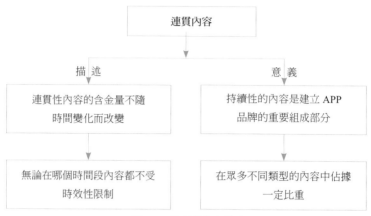

圖 9-11　連貫性內容描述

9.2.2　定位精準

在移動大數據時代，精準定位之所以重要，是因為這是打造 APP 特色的基礎條件，只有精準定位之後，才能進行大數據獲取和分析，與之相關的分析如圖 9-12 所示。

圖 9-12　精準定位的原因

對於傳統企業來說，品牌精準定位有兩點：一是依據大數據分析後，得知用戶特點，從而精準地定位自己的 APP 功能；二是透過對品牌的定位，獲得目標用戶，再根據用戶的行為獲得大數據進行分析。在實際的移動應用中，一個能夠精準定位用戶需求的 APP，無疑要勝過華而不實的 APP，精準定位對於企業的意義如圖 9-13 所示。

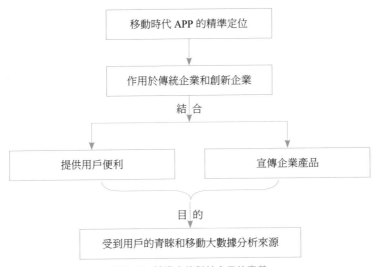

圖 9-13　精準定位對於企業的意義

9.2.3 饑餓行銷

饑餓行銷屬於一種需要構建一個環境、一個場景從而製造出一種假像的行銷策略。在移動大數據環境下，饑餓行銷幾乎貫徹於企業團隊的整個運作過程中，相關分析如圖 9-14 所示。

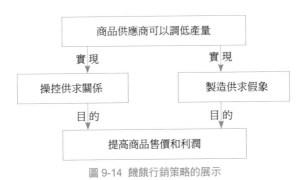

圖 9-14　饑餓行銷策略的展示

在移動 APP 大數據環境下，成功的饑餓行銷策略能夠幫助品牌產生高額的附加值，如在用戶群體中為品牌樹立高尚的形象，然而饑餓行銷並不是萬能的，尤其是在 APP 市場競爭激烈的情況下。因此，企業需要瞭解饑餓行銷的相關要素，才能運用好饑餓行銷策略。具體內容如圖 9-15 所示。

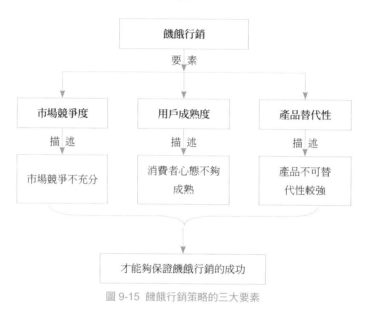

圖 9-15 饑餓行銷策略的三大要素

9.2.4 口碑行銷

口碑行銷的核心內容是感染目標受眾，這在移動大數據時代非常值得借鑑，下面從大眾角度具體分析口碑行銷在目前大數據環境下的意義，如圖 9-16 所示。

圖 9-16 口碑行銷在目前大數據環境下的意義

口碑行銷作為移動 APP 大數據行銷中不可缺少的組成部分，需要達到三個方面的要點，如圖 9-17 所示。

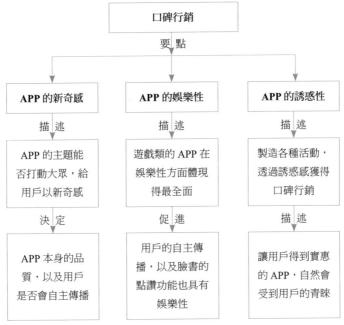

圖 9-17　口碑行銷的三大要點

9.2.5　事件行銷

事件行銷是指對具備新聞價值的事件經過一系列特色加工後，再進行宣傳的行銷策略，具體的意義如圖 9-18 所示。

圖 9-18　事件行銷的意義

事件行銷除了能夠吸引媒體、社會團體和消費者的興趣和關注，從而得到更優質的大數據，獲得大數據分析之外，還能對企業產生如圖 9-19 所示的積極作用。

圖 9-19 事件行銷對企業的積極作用

在移動大數據事件行銷中，首先需要對事件經過一系列的特色加工，才能實施下一步計畫，如提出創新的活動策劃、加注亮點內容等，但這只是行銷成功的第一步，進行有效的用戶轉化才是企業透過事件行銷需要達到的最終目的。同時，將話題轉向自身品牌上，為以後的不同管道推廣、移動大數據的收集與分析打下基礎，也是企業透過事件行銷需要達到的目的。在實際應用中，由話題引導的事件行銷往往具備多種其他管道所沒有的特點，具體分析如圖 9-20 所示。

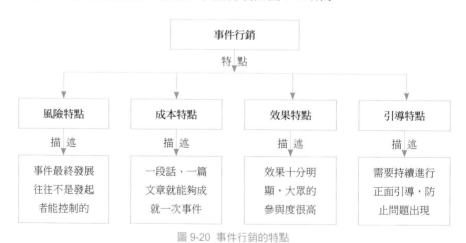

圖 9-20 事件行銷的特點

9.3 移動大數據下的 APP 行銷案例

在移動大數據環境下的 APP 行銷，隨著手機終端的出現和移動技術的發展，逐漸成為各企業追求的主要戰場，而且由於 APP 主要是依靠用戶自己下載，然後進行互動交流的一種手段，這會比其他推廣模式的凝聚力更大，品質也更高。因此，企業透過 APP 進行推廣傳播，能夠達到更好的效果。將 APP 行銷與移動大數據技術相結合，能夠得到什麼樣的效果呢？本節為讀者介紹移動大數據下的 APP 應用行銷的案例。

9.3.1 【案例】海底撈：大數據背後的訂餐系統

有關四川海底撈餐飲股份有限公司（以下簡稱海底撈）的簡介如圖 9-21 所示。

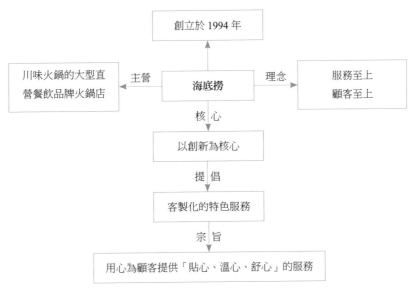

圖 9-21 海底撈的簡介

為適應移動大數據時代的發展，海底撈為用戶推出了 APP 消費服務，海底撈的 APP 應用主要涉及「訂餐」與「外賣送餐上門」兩項業務，除此之外，還有線上查詢位置、線上預訂座位、選好功能表等多項服務，並且還能透過 APP 平臺將心情和感受同步到 SNS 社群網站。想要實現這一切只需要在手機上下載一個海底撈 APP 應用，並完成註冊登錄即可。

在海底撈 APP 上訂餐步驟如圖 9-22 所示。

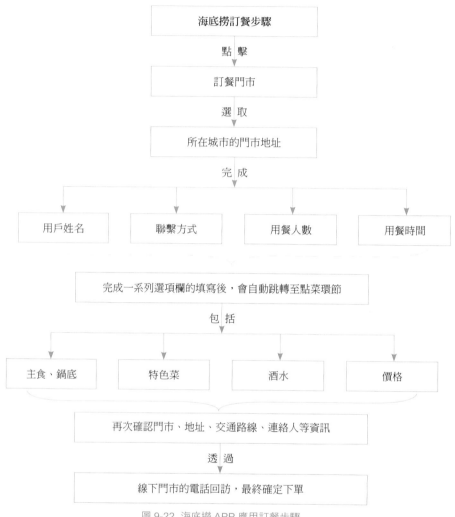

圖 9-22 海底撈 APP 應用訂餐步驟

　　海底撈的移動大數據思維體現在菜品的展示和社群體系上，透過用戶的習慣和喜好確定展示在頁面的菜品，包括主食、鍋底、特色菜和酒水的類型以及順序。透過企業自身開發的社群體系，進行口碑行銷，獲得更多的用戶量，為移動大數據的收集和分析打下良好的基礎，也為產品和服務的選擇提供更科學的依據。

9.3.2 【案例】沃爾瑪：基於大數據的精準行銷

有關美國的世界性連鎖企業沃爾瑪公司的介紹如圖9-23所示。

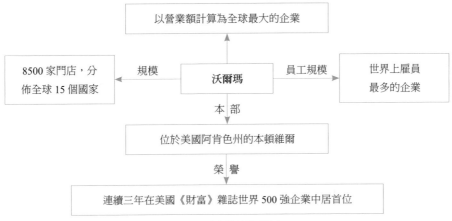

圖 9-23 沃爾瑪公司簡介

在移動互聯網快速發展的時代，沃爾瑪也開始意識到移動電子商務的重要性，相繼推出了可以讓消費者進行智慧手機消費與支付的應用軟體 Walmart APP，如圖 9-24 所示。

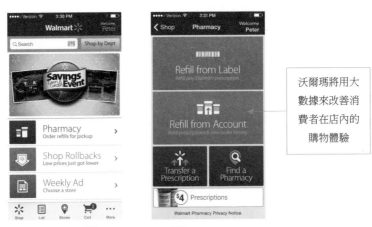

圖 9-24 Walmart APP

移動消費量正在試圖超越電子商務，零售業的未來將是關於提升每個消費者的

客製化體驗的競爭，Walmart APP 也在利用大數據，分析用戶喜好來刺激消費者在移動端的購買量，沃爾瑪希望透過移動大數據應用，讓消費者成為 bigger spender（大富豪），而且沃爾瑪同時透過移動大數據分析得知，安裝了 APP 的用戶光臨沃爾瑪實體店的頻率更高，停留的時間也比普通顧客高 40%。

沃爾瑪的移動大數據系統對資深會員的所有資訊都記錄得非常詳細，舉例來說，就沃爾瑪的一位資深會員 Sam 來說，他五年來在沃爾瑪移動端的購買資訊全部被系統記錄下來，其主要內容如圖 9-25 所示。

圖 9-25 沃爾瑪移動大數據系統資訊記錄流程

對於零售業來說，無論什麼時候，想要做到這種精準行銷，都離不開大數據對

用戶的分析，而沃爾瑪就是因為有移動大數據在背後做支撐，才能實現這種精準化、精細化、及時性且智能的行銷行為。

9.3.3 【案例】Agoda：互動式的酒店預訂

有關線上酒店預訂行業先驅之一的 Agoda 介紹如圖 9-26 所示。

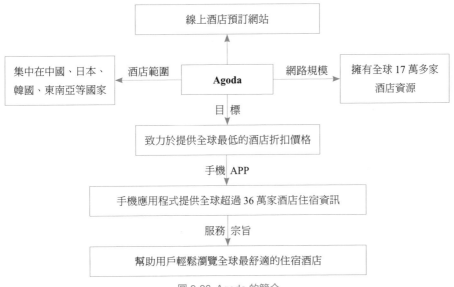

圖 9-26 Agoda 的簡介

透過 Agoda 的 APP 應用程式，用戶即使身在旅途中，也能根據身處位置實現各項功能，如查找附近的酒店、查看酒店圖片及國內顧客的評價等。同時，Agoda 的 APP 應用還為用戶提供了地圖功能，如圖 9-27 所示。

圖 9-27 Agoda 的 APP 應用地圖功能

除此之外，為了能讓用戶更好地選擇合適的酒店，Agoda 的 APP 應用還設置了評價體系，讓有需求的用戶可以隨時查看酒店的服務品質，更放心地選擇入住，同

時 Agoda 還能透過收集 APP 上用戶的評價資訊，對酒店的篩選、服務、導航、諮詢等系統進行更精確的數據分析，然後定制優化出更符合用戶需求的功能。

9.3.4 【案例】塔吉特：大數據領域的購物單服務

關於塔吉特（Target）公司的介紹如圖9-28所示。

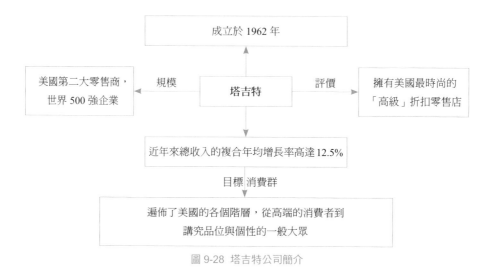

圖 9-28 塔吉特公司簡介

塔吉特公司推出的 APP 應用使用戶的購物之旅十分便捷和簡單，在移動大數據領域的功能介紹如圖 9-29 所示。

圖 9-29 塔吉特 APP 在移動大數據領域的功能

從圖 9-29 可以看出，塔吉特 APP 的大數據系統主要被應用於用戶購物單管理以及搜尋附近商店位置上，對於零售或品牌企業來說，不管是線上還是線下，成功的

移動互聯網戰略，首先需要從用戶需求出發來提升業績，同時透過移動互聯網及移動大數據戰略實現客戶關係管理，構成用戶忠誠度，提升品牌傳播的有效性，都是移動互聯網下的大數據戰略思維。

9.3.5 【案例】UNIQLO (優衣庫)：引導至線下實體店面

關於 UNIQLO 的介紹如圖 9-30 所示。

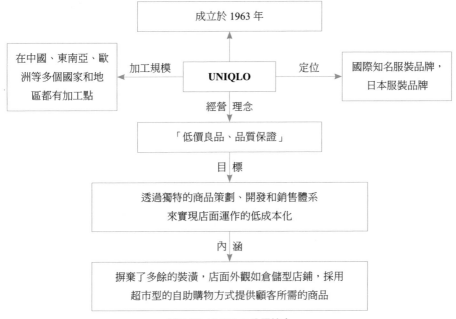

圖 9-30　UNIQLO 公司簡介

在移動互聯網時代，電子商業已經衝垮了許多實體店面，然而 UNIQLO 卻依然在持續擴張店面，截至 2013 年 8 月 31 日，UNIQLO 在中國的店面數量超過 325 家，截至 2015 年 2 月，大中華地區店面數已達 415 家，由此可見，雖然移動電子商業在不斷衝擊著實體店面，但是對於良性運轉的傳統品牌商來說，即使電子商業、網路銷售再火爆，也擋不住線下實體店面的核心地位。

那麼，本書從本質上來分析 UNIQLO 之所以敢於大張旗鼓地擴張店面，與互聯網電子商業相爭的原因有關。早在移動互聯網剛剛盛行之時，UNIQLO 就擁有了自己的智慧手機 APP，那時 UNIQLO 就開始嘗試了移動互聯網行銷。2013 年，日本地區 UNIQLO 的 APP 用戶已經超過了數百萬。

那時 UNIQLO APP 的移動行銷策略，主要以傳送打折優惠資訊或發送優惠券為主，這種方式讓用戶更加省錢，也深得用戶的青睞。透過 APP 的推廣，UNIQLO 取得了如圖 9-31 所示的成績。

圖 9-31 UNIQLO 取得的收穫

同時，對於 UNIQLO 來說，迄今為止最大的收穫並非銷售利潤價值，而是利用移動大數據精準地進行 UNIQLO 線下店面選址活動，主要流程是透過平臺上用戶的地域分佈，瞭解哪些地方的會員較多、哪些地方的用戶群比較喜歡 UNIQLO 的風格、用戶都喜歡什麼款式的服裝以及能夠接受的價格區間是多少等。

在這個移動大數據時代，移動端上的數據已經很容易收集。企業透過分析這些數據，能夠為特定區域的用戶帶來特定的商品，從而實現在移動大數據時代下的客製化精準行銷。

移動微信，互動溝通
　　的移動大數據

　　一對一的通訊工具——微信，使人們實現了便捷式的交流。企業可以透過微信上的一系列數據分析，形成用戶的資訊數據庫，然後根據這些數據庫進行精準行銷。

　　微信上的數據分析主要包括粉絲查詢產品資訊、服務諮詢內容、參與調查或行銷活動的資訊等。

移動微信，互動溝通的移動大數據	移動大數據下的微信概述
	移動大數據下的微信行銷
	移動大數據下的微信行銷案例

10.1 移動大數據下的微信概述

移動智能終端的普及使移動應用每天產生數以億計的巨量數據，微信也在其列。大數據時代的微信行銷會是一場史無前例的行銷變革，相關闡述如圖 10-1 所示。

圖 10-1 微信行銷的意義

10.1.1 微信行銷的特點

微信行銷具有以下四大特點，如圖 10-2 所示。

圖 10-2 微信行銷的四大特點

1. 社會化客戶管理

　　微信行銷最大的特點是商家在公眾平臺上可以與用戶一對一交流，因此，微信可以幫助商家實現 CRM，即客戶關係管理，相關分析如圖 10-3 所示。

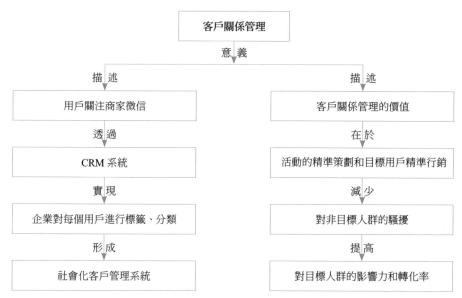

圖 10-3　客戶關係管理的意義

2. 提供商業決策

　　微信行銷的第二大特點是能為企業提供基於用戶習慣、喜好、行為、位置等資訊的商業決策，相關分析如圖 10-4 所示。

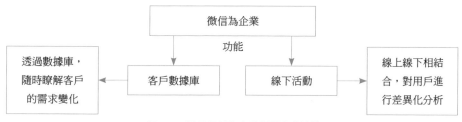

圖 10-4　微信行銷為企業提供商業決策

3. 精準行為分析

由於微信公眾帳號的傳播源於用戶的自主選擇，因此，透過微信公眾帳號進行行銷相較其他的行銷方式更為精準，同時微信行銷還能為企業提供基於用戶行為的更深入的分析能力，相關分析如圖 10-5 所示。

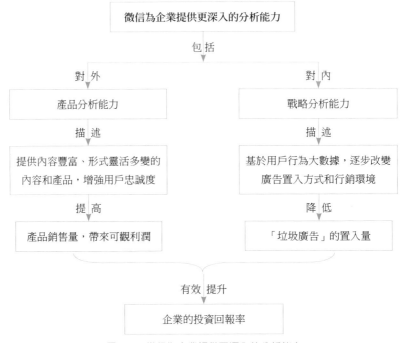

圖 10-5　微信為企業提供更深入的分析能力

4. 富媒體傳播

移動大數據不僅為微信行銷企業提供精準化服務，同時也為微信行銷企業提供更加多元化的行銷方式——富媒體，其具體的資訊傳播功能如圖 10-6 所示。

圖 10-6　富媒體的資訊傳播功能

10.1.2 微信行銷的內容和意義

在移動大數據的背景下，微信憑藉資訊發佈的即時性、方便性和分享性，迎合了現代人群碎片化的情感表達方式和快節奏、快消費的生活狀態，因此受到眾多消費者的青睞，微信行銷的核心內容和意義分析如圖 10-7 所示。

圖 10-7 APP 行銷的優勢

10.2 移動大數據下的微信行銷

微信行銷已經成為移動大數據時代下的新型行銷模式之一，微信龐大的用戶規模和一對一的服務模式，奠定了其在企業商家心目中的領先地位，從部分企業領略到了微信行銷的好處和魅力之後，越來越多的企業開始進軍微信平臺，力圖透過微信行銷結合移動大數據技術，打造龐大的用戶群體和提高自身商業優勢。

10.2.1 二維碼行銷

二維碼在微信上的應用，因其隱私性而受到大眾的青睞，透過微信掃描二維碼，可實現的應用十分廣泛，舉例如圖 10-8 所示。

圖 10-8 微信二維碼商業應用

微信二維碼將企業的商業活動輕鬆帶到每個用戶的手機中，相關的介紹如圖 10-9 所示。

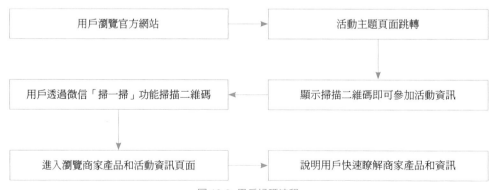

圖 10-9 用戶掃碼流程

部分實體商城還能達到掃碼支付功能，無論實物商品還是虛擬商品，只要在微信上輕輕一掃，就能方便快速地進行購買，而且還支援多種支付方式，讓手機購物更為便捷。透過優惠折扣券、積分大禮等活動能夠促進用戶的掃碼行為。

用戶掃描二維碼能為商家累積流量和用戶資訊，形成龐大的數據庫，因此移動大數據時代，二維碼行銷是微信中非常重要的一個環節，其主要的優勢如圖10-10所示。

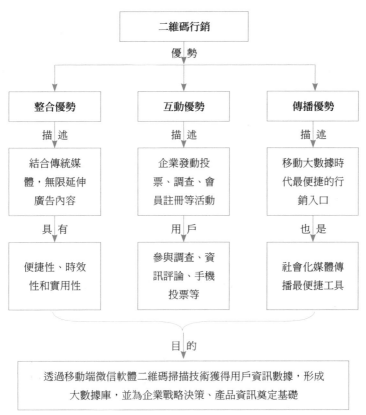

圖 10-10　二維碼行銷優勢

10.2.2　打造公眾平臺

微信公眾平臺是微信 4.0 版本推出的新功能，有關微信公眾平臺的介紹如圖 10-11 所示。

圖 10-11 微信公眾平臺簡介

　　想要透過微信公眾平臺收集不同客戶的喜好和特性，從而建立龐大的用戶資訊庫，使企業制定更長遠的戰略目標，就要學會公眾平臺行銷的方法和技巧。

1. 廣告植入

　　企業可以選擇一家在行業中具有相當影響力和權威性的微信公眾帳號作為行銷平臺，在公眾帳號傳送的富媒體內容上，將廣告巧妙地植入進去，如在文字或者圖片上涉及企業品牌文化、品牌名字、企業突出的廣告詞、企業亮點等，這樣既不露痕跡，也不會引起用戶的抵觸情緒。

2·內容定位

公眾平臺多以文字、圖片、視頻等形式表現主題，因此想要在眾多行銷策略中脫穎而出，就必須把握好內容定位，主要的內容定位的技巧如圖 10-12 所示。

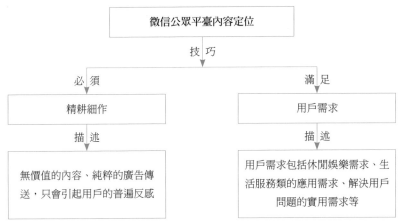

圖 10-12　微信公眾平臺內容定位技巧

3·自訂回復

微信公眾號的功能增加，讓企業的服務變得越來越多樣化，自訂回復介面的可開發空間已經超出商家的預計，透過自訂回復「我的周邊」介面，微信公眾帳號可以實現如圖 10-13 所示的各種功能。

圖 10-13　自訂回復介面的功能

10.2.3 朋友圈推廣

時至今日，移動互聯網以迅雷不及掩耳之勢，輕而易舉地超越了傳統互聯網的用戶規模，在粉絲和用戶流量上，微信已經遠遠超越了其他競爭對手，在微信朋友圈中進行推廣，就是運用了微信龐大的用戶流量數據，以「深化朋友關係」為核心，讓微信用戶的「弱關係」轉變為「強關係」。

微信朋友圈行銷也需要一定技巧，具體內容如圖 10-14 所示。

圖 10-14 微信朋友圈行銷的技巧

10.2.4 LBS 行銷

「附近的人」是微信推出的一項 LBS 功能，目的是方便用戶交友，根據用戶的地理位置找到附近同樣開啟這項功能的人，使用戶輕鬆找到身邊正在使用微信的其他用戶。

企業根據自身產品和目標用戶的定位，可以選擇合適地段進行 LBS 行銷，例如，假設企業的目標用戶為企業白領，那麼企業就可以在城市的商業地段進行定位，具體的操作流程如圖 10-15 所示。

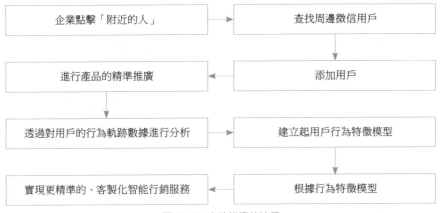

圖 10-15 定位推廣的流程

在微信上，具體操作方法如下。

步驟 01　啟動微信 APP，進入「發現」介面，點擊「附近的人」選項，如圖 10-16 所示。

步驟 02　進入「附近的人」介面，點擊「開始查看」按鈕，如圖 10-17 所示。

圖 10-16 點擊「附近的人」選項　　圖 10-17 點擊「開始查看」按鈕

步驟 03　執行操作之後，彈出「提示」對話方塊，點擊「確定」選項，如圖 10-18 所示。

執行操作後，即可查看附近的微信用戶，如圖10-19所示。

圖 10-18 彈出「提示」對話方塊　　　　圖 10-19 查看附近的微信用戶

企業利用「附近的人」功能添加好友之後，可以有兩種方式進行宣傳，如圖 10-20 所示。

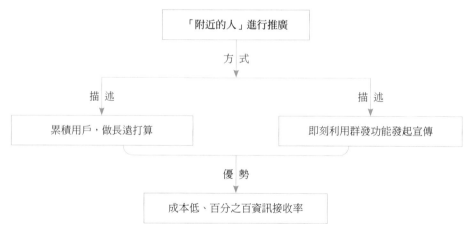

圖 10-20 「附近的人」添加好友後的宣傳方式

10.3 移動大數據下的微信行銷案例

在移動大數據時代，微信慢慢從一個社群軟體演變成一個行銷工具似乎是必然結果，具體原因如圖 10-21 所示。

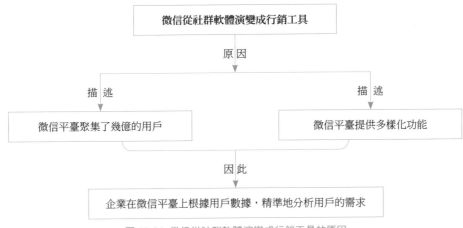

圖 10-21 微信從社群軟體演變成行銷工具的原因

企業在面對微信這個新媒體平臺時，要利用好移動大數據分析技術，才能得到滿意的行銷效果。下面就來瞭解移動大數據時代利用微信精準行銷的案例。

10.3.1 【案例】南航：微信值機服務

南航（中國南方航空股份有限公司）是中國運輸航班最多、航線網路最密集、年客運量亞洲最大的航空公司，與中國國際航空股份有限公司、中國東方航空股份有限公司合稱中國三大航空集團。如圖 10-22 所示為南航的企業 LOGO。

圖 10-22 南航 LOGO

在微信公眾帳號營運方面，南航算是行業裡的典型標竿。2013 年，南航在國內首創推出微信值機服務，該服務著力於為用戶打造微信移動航空服務體驗，用戶體驗服務的流程如圖 10-23 所示。

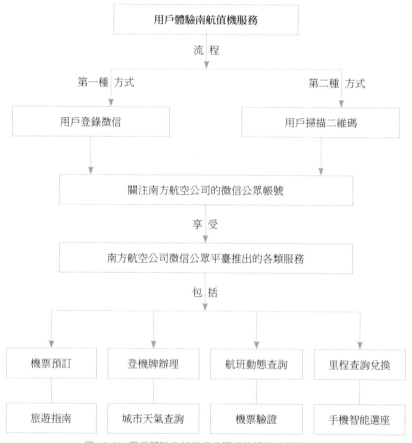

圖 10-23 用戶體驗南航微信公眾帳號提供的服務流程

隨著微信用戶數量的增加，南航微信會員的比例也在進一步提高。在筆者看來，南航公眾平臺之所以取得成功，最大的一點是因為南航微信公眾平臺實現了一對一的、智能化的服務。比如，在用戶透過簡訊邀約辦理值機後，南航才會提示用戶關注南航官方微信號，而不會大張旗鼓地推廣宣傳，這樣在很大程度上避免了沒必要的行銷資訊對用戶造成的困擾。

在數據收集整理分析上，南航也做得十分完善，比如透過微信公眾平臺，南航對用戶常見的搜尋數據進行收集，從用戶的搜尋數據中，分析出用戶的行為習慣，然後為旅客制定精準化的服務，正是因為這種精細化的數據分析功能，才讓南航給用戶帶來非一般的體驗。

10.3.2 【案例】歐派電動車：微信互動服務

歐派電動車是「無錫市聖寶車輛製造有限公司」的電動車品牌，公司創建於1996年，而歐派電動車品牌始創於2003年，經過十餘年的艱苦奮鬥、技術創新，已逐漸成長為一家大型新能源交通製造企業，公司的發展業務如圖10-24所示。

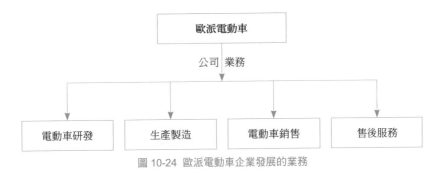

圖 10-24 歐派電動車企業發展的業務

2013年，歐派電動車開通了自己的官方微信公眾平臺，如圖10-25所示。

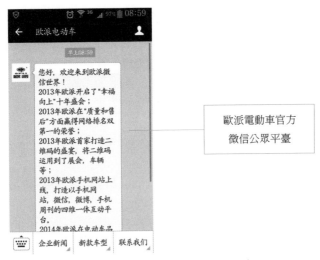

圖 10-25 歐派電動車官方微信公眾平臺

在歐派的微信公眾平臺上，主要向用戶宣傳歐派電動車的新品資訊，同時對粉絲的一些疑問進行答覆，這樣一來，能更好地加強粉絲和企業之間的聯繫。

其實歐派電動車微信公眾帳號的目的，主要是實現與用戶高強度的熱門互動，透過微信用戶資訊查看、地理位置定位等功能，再結合移動數據分析結果，對用戶實行分地區、分年齡的宣傳，或者舉辦精準行銷活動，以此來吸引微信用戶的目光。

10.3.3 【案例】布丁酒店：微信訂房服務

有關布丁酒店的介紹如圖10-26所示。

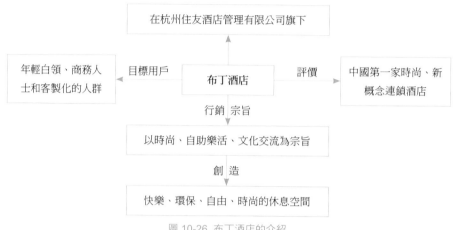

圖 10-26 布丁酒店的介紹

2012 年 11 月 12 日，布丁酒店在連鎖酒店服務方面開始佈局，宣佈微信客戶訂房功能上線，透過該微信功能，用戶可以隨時隨地預訂布丁酒店客房，這一舉動開了酒店跨界合作領域的先河。相關介紹如圖 10-27 所示。

圖 10-27 用戶預訂布丁酒店客房的流程

布丁酒店微信公眾號上的所有功能、資訊皆與布丁酒店官網及手機官方 APP 相同並即時同步更新，用戶透過布丁酒店的微信公眾帳號，還能享受到房價打折、折現等多種優惠活動。

在移動大數據時代，布丁酒店最為成功的地方是將預訂酒店服務與微信相結合，利用 LBS 技術對用戶進行精準定位，為精準行銷提供了保障。

10.3.4 【案例】糯米酒：微信打造萬名粉絲

一位酒坊坐落在福建永定縣下洋鎮廖陂村東興樓的「糯米酒先生」，一直致力於採用傳統純手工工藝釀造客家土樓糯米酒，如圖 10-28 所示為「糯米酒先生」釀造的糯米酒。

圖 10-28 糯米酒

這位來自客家土樓的「糯米酒先生」，利用移動互聯網思維，申請了自己的微信公共帳號，該微信公眾號的名字叫作「客家土樓糯米酒」，經過半年多時間的摸索和累積，該公眾平臺獲得了初步成功，如圖 10-29 所示。

圖 10-29 「客家土樓糯米酒」公眾平臺獲得成功

「客家土樓糯米酒」的微信公眾帳號介面如圖10-30所示。

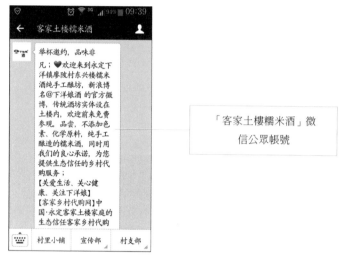

圖 10-30 「客家土樓糯米酒」的微信公眾帳號

　　糯米酒先生的「客家土樓糯米酒」公眾平臺能夠在短短數月內取得如此傲人的成績，正是由於其將微信行銷思維與大數據分析相結合，從而打造出了屬於自己的宣傳模式，如圖10-31所示。

圖 10-31 糯米酒先生為自己的產品和公眾號宣傳的方法

在這個過程中，糯米酒先生運用大數據對企業、店面進行資訊數據分析，鎖定了自己的目標消費群，再進一步實行宣傳並推廣活動，這一點做得非常好，而且在整個行銷過程中，糯米先生都沒有在微信中實行強迫推銷，而是針對性地對用戶提出的各種問題進行解答，譬如糯米酒的喝法、功效、保健知識等，在這個基礎上，從情感上獲得了客戶的信任，再進行下一步的推銷，就能事半功倍了。

移動 QQ，大量獲取
的移動大數據

移動大數據時代，由於大量的用戶，使 QQ 行銷模式越來越趨於多元化、智能化和立體化，QQ 行銷也已經被越來越多的客戶接受與認可，透過 QQ 行銷，企業客戶能夠得到穩定、安全、快捷的工作需求，並達到客戶服務和管理客戶關係的便捷化。

移動 QQ，大量獲取
的移動大數據

移動大數據下的 QQ 概述

移動大數據下的 QQ 行銷

移動大數據下的 QQ 行銷案例

11.1 移動大數據下的 QQ 概述

隨著移動互聯網、移動大數據的迅速發展和普及，人們的日常生活越來越離不開各種社群平臺，而 QQ 這款社群應用在很多年前就已經深入人心，在「80 後」「90 後」人群中，其幾乎成了人們生活中不可或缺的一部分。

移動大數據時代下的 QQ 行銷，是指透過 QQ 的各個公開平臺和移動互聯網，向目標客戶和潛在客戶推廣、銷售產品的一種移動行銷方式，如今的 QQ 行銷平臺包括如圖 11-1 所示的幾大類。

圖 11-1 QQ 行銷平臺的種類

11.1.1 QQ 行銷的優勢

在當今的市場行銷中，客製化消費已然成為一種趨勢，特別是「80 後」「90 後」人群，這一趨勢愈加明顯。而移動 QQ 行銷與傳統行銷相比在某些方面有著明顯的優勢，如圖 11-2 所示。

圖 11-2 QQ 行銷的優勢

1. 用戶數量多

用戶是行銷活動中最大的主體，而 QQ 經過十幾年的發展，早就在用戶數量這方面佔據了不能撼動的霸主地位，如圖 11-3 所示。

圖 11-3 QQ 在用戶數量中佔據霸主地位

就單純地從這兩個數據來看，QQ 中隱藏的商機和價值對企業來說也是不可小覷的，因此企業要好好利用這方面有資源。

2. 互動性強

QQ 的互動性很強是其作為行銷工具的第二大利器，在移動互聯網時代，移動通訊工具往往能在行銷過程中讓企業或商家佔據主導權。關於移動社群工具——QQ 的相關分析如圖 11-4 所示。

圖 11-4 QQ 在企業決策中的作用

3. 服務便利

QQ 行銷企業為用戶提供服務的便利性主要表現在如圖 11-5 所示的幾個方面。

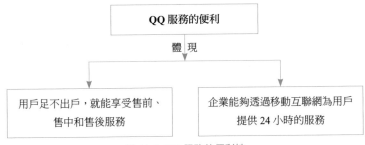

圖 11-5 QQ 服務的便利性

其提供服務的形式十分多樣化，如可以透過文字、圖片等方式，也可以透過 QQ 視頻、QQ 語音等方式提供服務。

4. 無空間限制

QQ 行銷與傳統行銷最大的區別是，不論客戶在哪裡，QQ 行銷都可以勝任，即不受空間、地理位置的限制。例如，某個企業在某個城市沒有銷售網站，因此無法在該城市開展行銷活動，但如果利用 QQ 行銷，即使在這個城市沒有行銷據點，也可以透過 QQ 聯繫到客戶，然後展開行銷活動。

5. 客製化服務

QQ 行銷可以透過網路讓用戶隨時隨地自由搭配、自由選擇自己所喜歡的產品，這種客製化服務是傳統行銷所不及的。

11.1.2 QQ 行銷的核心

在移動大數據時代，騰訊 QQ 的 8 億流量支持，使 QQ 行銷在某些方面的能力十分突出，如圖 11-6 所示。

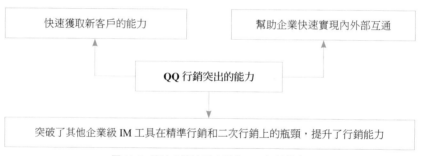

圖 11-6 基於 8 億流量支援的 QQ 行銷能力

在 QQ 用戶數據獨大的背後，發展一個目標客戶比廣泛推廣 1000 個客戶更為有效，然而有效的 QQ 行銷對企業有哪些要求呢，如圖 11-7 所示。

圖 11-7 QQ 行銷對企業的要求

有了巨量數據資源還不夠，還需要從這些資源中採擷背後的資訊，該如何採擷數據背後的資訊呢？具體分析如圖 11-8 所示。

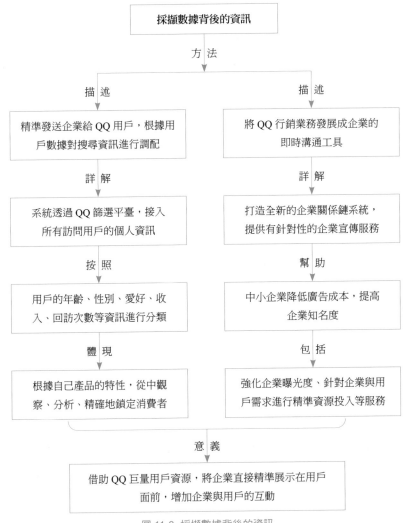

圖 11-8 採擷數據背後的資訊

11.2 移動大數據下的 QQ 行銷

在移動大數據時代，QQ 行銷主要是利用 QQ 自身的多種功能，進行有效的行銷，QQ 龐大的用戶群體為企業提供了移動大數據分析的依據，因此，如果把握好 QQ 行

銷的技巧，一定會為企業帶來可觀的收益。

11.2.1 溝通技巧

QQ 微行銷是一種基於社群微平臺的行銷方式，QQ 溝通技巧涉及諸多方面，如稱呼、語氣、QQ 表情和圖片等，QQ 的溝通屬於軟性行銷方式的一種，在 QQ 交流的過程中，想要達到很好的推廣效果，就要在細微處獲取用戶的肯定。下面本書介紹幾點 QQ 溝通技巧，如圖 11-9 所示。

圖 11-9 QQ 溝通的技巧

11.2.2 QQ 群組推廣技巧

QQ 群組是騰訊公司推出的多人聊天交流服務，當群主創建了群組以後，就可以邀請朋友或者有共同興趣愛好的人到一個群組裡面聊天。在群組內除了聊天外，還可以在群組空間中使用多種方式進行交流，如圖 11-10 所示。

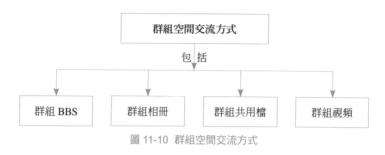

圖 11-10 群組空間交流方式

在 QQ 群組裡進行推廣行銷，需要注意以下三點。

1. 溝通技巧

商家在群組內聊天的時候，需要注意如圖 11-11 所示的幾點。

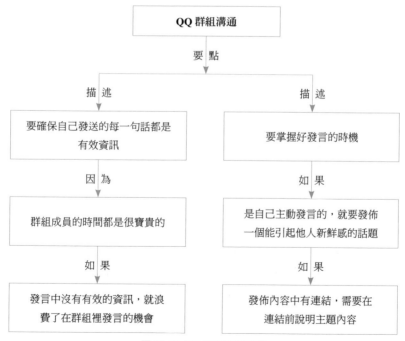

圖 11-11 QQ 群組溝通技巧

2. 注意事項

在群組裡發言需要注意的事項，如圖11-12所示。

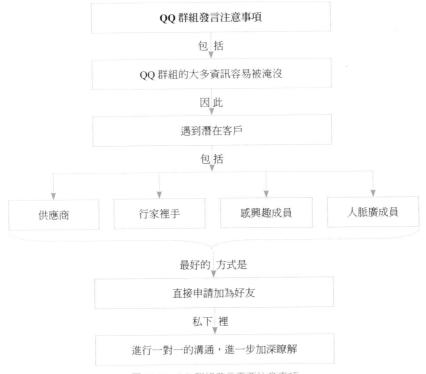

圖 11-12 QQ 群組發言需要注意事項

3. 適當的群組維護

現在的 QQ 群組裡，很多群組成員都是隱藏群組資訊的，因此商家直接發廣告並不能達到理想的效果，因此就必須對群組進行適當的群組維護，進行群組維護的方式有三種，具體內容如下。

（1）適當發表言論：進群組的前幾天，一定要發表一次言論，並且不能直接發廣告。

（2）不要只發廣告：QQ 群組裡最大的忌諱就是一直發廣告，對於這種無節制發廣告的人，多半會被踢出群組，因此商家不要在群組裡只發廣告，多分享一些其他的東西或者多在群組裡和大家交流，提高活躍度。

（3）和群組主建立關係：事實證明，不管是在群組內發廣告還是一對一發廣告，效果都是非常差的，而且 QQ 群組行銷不是只有發廣告這一種途徑。因此，

商家要學會透過其他途徑展示自己產品資訊，如透過群組管理員來發佈自己產品的資訊，這類廣告一般是比較容易被人們接受的，因此商家要把握好管理員這條線。

11.2.3　空間推廣技巧

在這個互聯網時代，QQ 就像另外一個世界，人們只要加了好友，無論走到哪都可以互相聯絡，進入暢聊的世界，這就是其魅力所在。QQ 所產生的衍生物也十分強大，如 QQ 空間，其複製能力以及用戶管道是最大的優勢，同時 QQ 空間在用戶凝聚力等方面同樣具有明顯的優勢，如圖 11-13 所示。

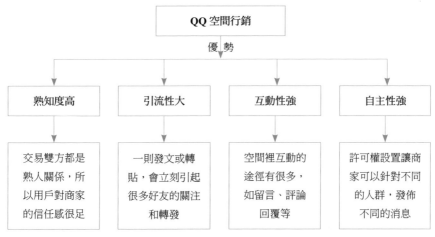

圖 11-13　QQ 空間行銷的優勢

QQ 空間有空間日誌和空間照片兩種行銷途徑，具體內容如下。

1. QQ 空間日誌

要利用 QQ 空間做好行銷，透過原創文章是一個很好的途徑，因為 QQ 空間裡的心情類的日誌很容易走進人的內心，直擊人的真實情感，同時也很容易取得潛在客戶的信任，而這樣的 QQ 空間日誌行銷就相當於軟文行銷，商家要遵循軟文書寫的規則，輔助以心血，用優秀的文章來吸引和打動消費者。

2. QQ 空間照片

透過在空間發佈產品圖片來吸引用戶也是不錯的選擇，但需要注意的是，不要

一下發佈太多的圖片，也不要動不動就洗版引起用戶的反感，使其封鎖產品消息，建議商家每天發佈一條產品圖片資訊，並輔助以產品介紹。

11.2.4 郵箱推廣技巧

QQ 郵箱以其特殊的郵箱格式及簡單容易記住的特徵，成為郵件行銷中的主要方式，QQ 郵箱推廣需要注意的技巧如圖 11-14 所示。

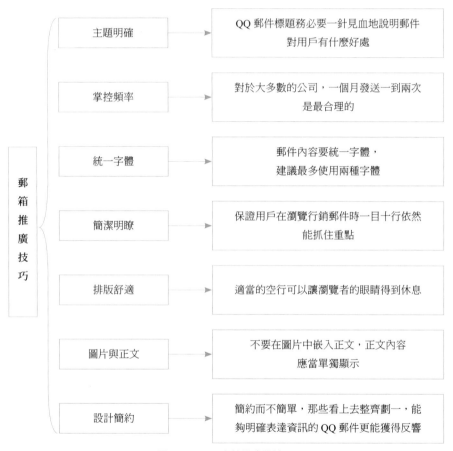

圖 11-14 QQ 郵箱推廣的技巧

11.2.5 生活服務推廣技巧

在手機 QQ 中，有一項「生活服務」功能，該功能採用了類似微信公眾平臺的

行銷模式，透過 QQ 將線上與線下商家進行對接，實現了社會化媒體工具與 O2O 行銷模式的深度融合。

「生活服務」平臺和微信公眾平臺的概念類似，主要提供生活服務類的操作，如圖 11-15 所示為「生活服務」平臺與微信公眾號平臺的相同點與不同點。

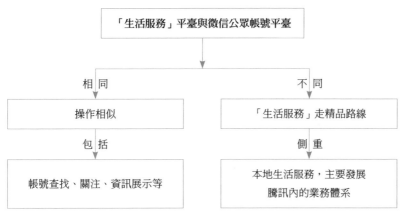

圖 11-15　「生活服務」平臺與微信公眾號平臺的相同點與不同點

在引入「生活服務」平臺後，新版手機 QQ 將會透過和財付通的合作，推出移動支付，手機 QQ 的移動支付主要有三種方式，如圖 11-16 所示。

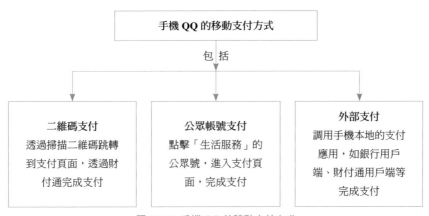

圖 11-16　手機 QQ 的移動支付方式

11.3 移動大數據下的 QQ 行銷

移動互聯網時代的移動社群平臺可以說是數不勝數，但不同的社群平臺，其特點也不同，利用大數據實現 QQ 行銷就是將大數據的數據分析技術應用到 QQ 行銷的

整個過程，主要分為三個步驟，如圖 11-17 所示。

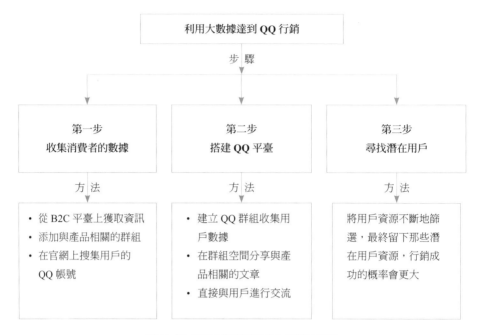

圖 11-17 利用大數據實現 QQ 行銷的步驟

QQ 行銷的案例在生活中經常看到，但是利用大數據進行精準行銷的似乎不是很常見，下面就來分析幾個利用大數據技術進行 QQ 精準行銷的案例。

11.3.1 【案例】聯想：QQ 秀徽章的筆記本行銷

ThinkPad SL 系列筆記本是聯想集團的一款針對中小企業主及知識工作者的商用筆記型電腦。聯想為 ThinkPad SL 打造了一個遊戲網站 —「甩掉藉口」，這個網站在傳統硬廣告的基礎上，深入滲透了品牌精神，與目標精準人群進行深度互動，如圖 11-18 所示。

ThinkPad SL 選擇與騰訊網合作，在騰訊平臺完成了三大推廣使命，其內容如下。

- 提高產品認知。
- 與網友互動，傳達產品內涵。
- 為品牌官方網站帶去流量。

為了幫助 ThinkPad SL 實現三大推廣使命，騰訊首次在 QQ 空間選擇最受歡迎的兩款 APP 應用進行了密切的植入，這兩款 APP 應用如圖 11-19 所示。

圖 11-18 遊戲「甩掉藉口」

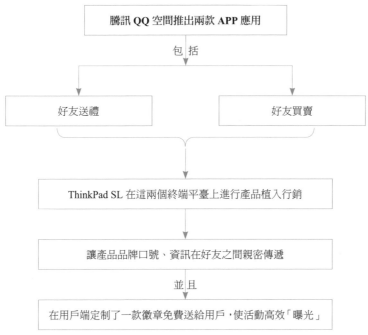

圖 11-19 騰訊 QQ 空間推出兩款 APP 應用

ThinkPad SL 透過騰訊 QQ 空間的這兩款 APP 應用和定制徽章將用戶引導到遊戲活動官網中。對於用戶來說，騰訊 QQ 究竟是如何操作的呢，其操作如圖 11-20 所示。

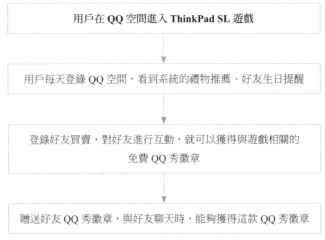

圖 11-20 用戶在 QQ 空間連通 ThinkPad SL 遊戲

聯想透過騰訊 QQ 平臺行銷的推廣，無論是在用戶主動參與上還是在往官網的引導上都達到了良好的效果。下面透過一組數據來分析聯想遊戲在騰訊 QQ 空間推廣的效果，如圖 11-21 所示。

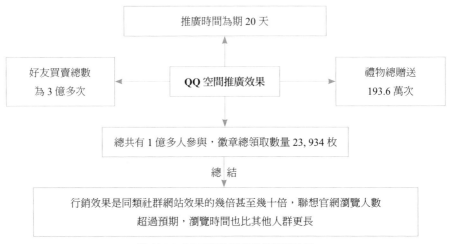

圖 11-21 QQ 空間為聯想遊戲推廣效果

11.3.2 【案例】紅米：QQ 空間的帳戶互通行銷

2013 年 7 月 31 日，小米公司推出紅米手機，同年 8 月 12 日正式開放購買，這次小米與騰訊合作，透過騰訊 QQ 空間進行獨家首發，如圖 11-22 所示，用戶可以登錄 QQ 空間進入小米官方頁面進行預約。

圖 11-22　紅米手機在 QQ 空間首發

小米手機的性價比高這是眾人皆知的，其定價上也是參考並分析了一些重要且權威的數據，如圖 11-23 所示。

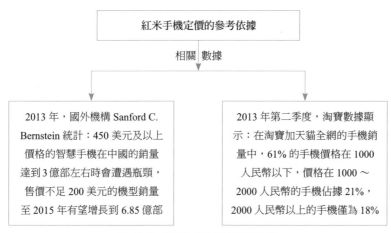

圖 11-23　紅米手機定價的參考依據

從圖 11-23 可以看出，中國的千元智慧型手機在現階段已成為主戰場。同時，小米公司也是在經過了大量的數據分析後才選擇在 QQ 空間發佈推廣宣傳的，相關的數據如圖 11-24 所示。

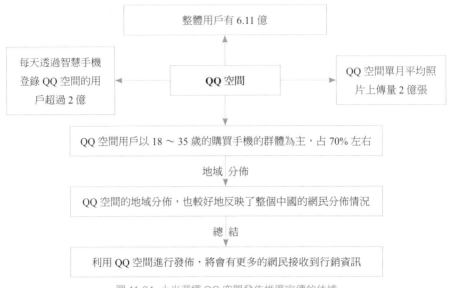

圖 11-24 小米選擇 QQ 空間發佈推廣宣傳的依據

小米公司透過移動大數據分析，最終確定了紅米手機的推廣發佈管道。多向量的分析，讓小米公司對用戶的需求定位更為精準，也使小米公司對紅米手機用戶的定位更為精準。紅米手機在騰訊 QQ 空間進行獨家首發的同時，小米官網也實現了與 QQ 帳號的互通，這也就意味著用戶可以直接使用 QQ 帳號登錄小米官網下單購買任何產品。

11.3.3 【案例】QQ 空間：西瓜創意行銷

夏季是西瓜生產的旺季，行業競爭激烈，在某次機緣巧合下，「西瓜王子」沈棟彬在 QQ 空間發現了商機，即在西瓜上雕刻各種具有特色的圖案，然後上傳到 QQ 空間，從而空間的訪問量大增，很多粉絲慕名前去買他的西瓜，甚至出現了供不應求的情況。

「西瓜王子」沈棟彬之所以能做得這麼成功，是因為他運用移動大數據思維對行銷進行了精心的排布。

首先，「西瓜王子」透過建立 QQ 群，加了很多粉絲群，在群中多方探尋用戶

的喜好，為用戶刻上需要的圖案，這些圖案有商標、建築、人物、卡通動漫等，如圖 11-25 所示。

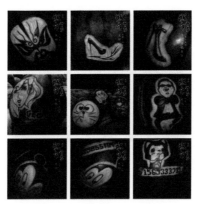

圖 11-25 「西瓜王子」的創意西瓜

其次，「西瓜王子」透過論壇瞭解當前的熱門事件，將與事件相關的圖案刻在西瓜上。

在這兩者的基礎上，「西瓜王子」還會將自己的聯繫方式以及專屬 LOGO 刻在西瓜上，打出了自己的品牌。

同時在 QQ 空間裡，「西瓜王子」還專門建立了一個名為「賣瓜記」的相冊，這個相冊裡收集了「西瓜王子」的作品及一些生活見聞，加深了在粉絲心目中的印象。

從「西瓜王子」的案例中可以看出，將藝術性、創意性與移動大數據相結合，能夠採擷出巨大的行銷潛力。

移動微博，傳播迅速
的移動大數據

移動互聯網行銷發展迅速，微博行銷作為移動手機行銷的主戰場，具有非常火熱的人氣，在微博平臺，用戶只需要透過簡單的文字描述就能反映自己的心情或者發佈資訊，這種資訊分享方式使微博成為各大企業與商家進行移動精準行銷推廣的重要平臺。

移動微博，傳播迅速的移動大數據	移動大數據下的微博概述
	移動大數據下的微博行銷
	移動大數據下的微博行銷案例

12.1 移動大數據下的微博概述

　　手機微博，是指允許用戶以簡短的文本進行更新和發佈消息的移動平臺，在這個平臺上，資訊能以多種形式被發送，如多媒體、圖片、文字等，用戶可以進行資訊的分享、傳播以及獲取。

　　手機微博行銷是指透過移動手機微博平臺為商家、個人等創造價值而執行的一種行銷方式，也是指商家或個人透過移動手機微博平臺發現並滿足用戶的各類需求的商業行為方式。

　　在微博行銷平臺上，每個用戶都是潛在的行銷物件，企業可以透過手機微博行銷實現如圖 12-1 所示的目的。

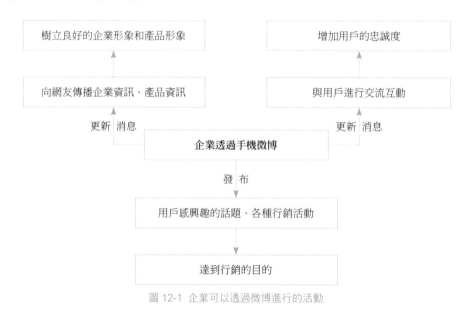

圖 12-1 企業可以透過微博進行的活動

目前，微博涉及的主要範圍如圖 12-2 所示。

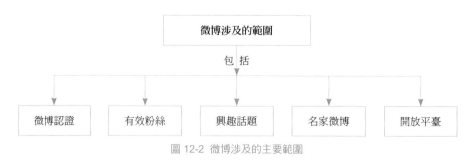

圖 12-2 微博涉及的主要範圍

12.1.1 關於微博行銷的特性

　　隨著移動大數據時代的來臨，搜尋與分享成為消費者行為過程中的重要環節。企業想要獲得行銷的成功，就要對客戶的消費行為數據進行深刻透徹的分析，而手機微博的自媒體特性，可以使企業達到這一目的，如圖 12-3 所示。

圖 12-3　手機微博的特性

12.1.2 微博行銷的商業價值

　　在移動大數據時代，手機微博行銷的商業價值非常巨大，本書著重介紹如圖 12-4 所示的幾個方面。

圖 12-4　微博行銷主要的商業價值

　　在移動大數據時代，手機微博行銷的商業價值非常巨大，本書著重介紹如圖 12-4 所示的幾個方面。

圖 12-5　微博行銷其他的商業價值

12.1.3 微博行銷的一些原則

移動微博行銷對粉絲數量的要求很高，因為龐大的粉絲數量，能讓企業收集到更多的用戶行為大數據，方便企業對用戶行為和需求進行分析，從而推出更好的產品。因此，企業除了注重粉絲數量培養之外，還要注重手機微博行銷在開發大數據時代的商業價值過程中，需要遵循一定的行銷原則，如圖12-6所示。

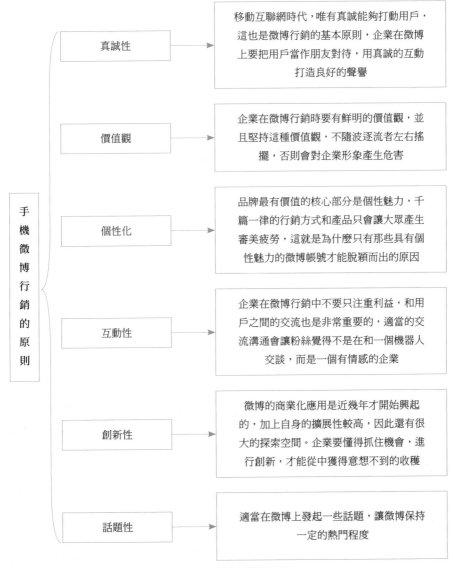

手機微博行銷的原則

真誠性　移動互聯網時代，唯有真誠能夠打動用戶，這也是微博行銷的基本原則，企業在微博上要把用戶當作朋友對待，用真誠的互動打造良好的聲譽

價值觀　企業在微博行銷時要有鮮明的價值觀，並且堅持這種價值觀，不隨波逐流者左右搖擺，否則會對企業形象產生危害

個性化　品牌最有價值的核心部分是個性魅力，千篇一律的行銷方式和產品只會讓大眾產生審美疲勞，這就是為什麼只有那些具有個性魅力的微博帳號才能脫穎而出的原因

互動性　企業在微博行銷中不要只注重利益，和用戶之間的交流也是非常重要的，適當的交流溝通會讓粉絲覺得不是在和一個機器人交談，而是一個有情感的企業

創新性　微博的商業化應用是近幾年才開始興起的，加上自身的擴展性較高，因此還有很大的探索空間。企業要懂得抓住機會，進行創新，才能從中獲得意想不到的收穫

話題性　適當在微博上發起一些話題，讓微博保持一定的熱門程度

圖 12-6 手機微博行銷的原則

12.2 移動大數據下的微博行銷

與傳統行銷方式相比，微博行銷成本低、貼近用戶且傳播快，但同時也存在一定的負面影響，因此如果企業利用不善，就會傷及自身，使企業最終受損。因此，微博行銷特有的方法和思路是企業必須瞭解並靈活運用的。

12.2.1 話題行銷

在移動大數據時代，最重要的是如何在移動互聯網浪潮中製造有效的「話題」。千萬微博用戶打開微博後，第一件事可能就是迅速瀏覽資訊流裡有什麼好玩的內容，然後便是點閱熱門微博或者搜尋熱門話題。

而針對這一點，微博營運者需要做的事情如圖 12-7 所示。

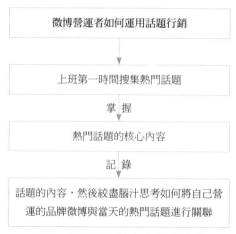

圖 12-7 微博營運者如何應用話題行銷

移動微博的話題行銷有時是一種「借勢行銷」，其是指用戶的眼睛在哪兒，商業機遇和價值就在哪兒，這是一個「我聽見你的聲音→我在聽你說→我明白你說的→達成行銷目的」的過程，微博營運者要牢牢抓住這一點，不管是線上、線下，還是在入口網站、論壇，熱門話題永遠都是備受關注的。

「話題」在微博行銷中的重要性，可以用「核心和靈魂」來表述，任何企業想要做好微博行銷，都必須包含話題行銷，因為只有選擇準確的話題，並結合品牌和產品的實際情況來提煉和昇華，才能取得成功。

企業除了自己在微博上製造話題之外，還可以適當傳播他人的熱門話題，相關的介紹如圖 12-8 所示。

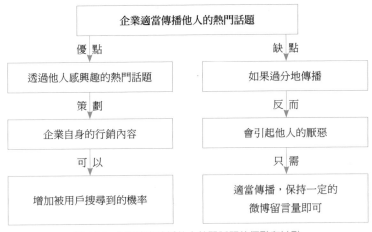

圖 12-8　企業適當傳播他人熱門話題的優點和缺點

同時，企業在運用微博行銷達到企業和產品的推廣之前，先要學會運用移動大數據分析自身的品牌定位和粉絲定位，可以先搜尋一下相同品牌的熱門話題和行銷方式，然後根據他人的行銷方式和內容，經過精細的大數據分析後，確定自身的策劃目標以及創新型內容，最後根據粉絲定位進行精準化行銷。

12.2.2　粉絲行銷

粉絲是移動微博行銷最重要的組成部分，企業在發佈微博行銷資訊時，想要使資訊產生較大的傳播效果與行銷效果，就必須取得粉絲的信任，由此粉絲才有可能幫助企業轉發、評論資訊，從而達到行銷的目的。

有的企業在粉絲行銷方式上注重「誠信互粉」，即與粉絲之間進行互相追蹤，除此之外需要注意一點，如圖 12-9 所示。

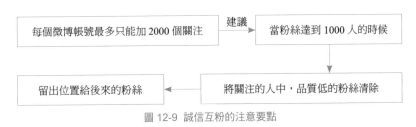

圖 12-9　誠信互粉的注意要點

粉絲行銷實際上是在為移動大數據分析奠定基礎，微博營運者可以透過目標粉絲的日常微博動態和關注的內容，瞭解目標群體的生活習性、愛好和特點，從而打造更符合用戶群體喜好的微博內容，從而進行行銷。

增加粉絲的技巧主要包括五個方面，如圖12-10所示。

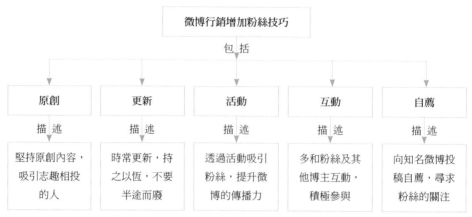

圖 12-10　增加粉絲的五大技巧

為什麼要向企業重點推薦粉絲行銷這一方法，因為在微博行銷中，最重要的一點是對粉絲的各種資訊數據進行透徹的瞭解。粉絲行銷的核心思想就是透過微博用戶記錄的日常想法、愛好、需求、計畫、感想等，來瞭解他們的需求，具體內容如圖12-11所示。

圖 12-11　透過微博瞭解粉絲的需求

透過瞭解粉絲的這些需求，幫助企業更深入地瞭解目標用戶的想法，從而將用

戶對產品的態度、需求、期望、購買管道與購買因素等內容都考慮進去，制定或者優化產品和行銷策略，這也是移動大數據在粉絲行銷中的精髓之處。

12.2.3 互動行銷

互動行銷在微博行銷中也是一個很重要的行銷方式，互動行銷的方式有兩種，如圖 12-12 所示。

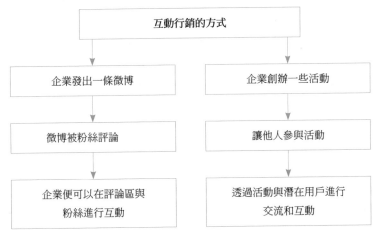

圖 12-12 互動行銷的方式

在舉辦活動方面，有兩種方式—抽獎活動和促銷活動，這兩種活動方式都能夠與粉絲進行交流互動，但兩種方式略有不同，如圖 12-13 所示。

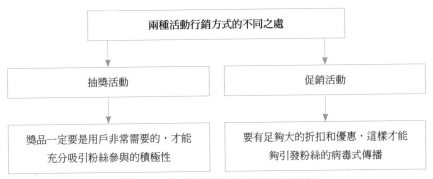

圖 12-13 抽獎活動和促銷活動的不同之處

無論是抽獎活動，還是促銷活動，活動獎品和活動資訊文字都要有一定的誘惑性，同時配上精美的活動宣傳圖片，才能吸引廣大粉絲的參與。此外，企業與商家如果能夠讓微博上的人氣博主幫忙轉發自己的微博活動資訊，一定會使活動的效果得到最大化的發揮。

　　互動行銷就是培養粉絲的忠誠度，透過粉絲層面上得到的移動大數據會更加精準，因為這些積極參與的粉絲基本上都是高品質的粉絲，但是也不能排除那些專門找抽獎活動的人存在，這些人一般只關注資訊內容，但是並不轉發，只想等著免費中獎，這類人勢必會影響企業微博行銷活動的進行。

　　針對這個問題，企業可以適當地做微博促銷活動，但不要頻繁地採取送獎品的方式，因為這樣並不利於粉絲忠誠度的培養。想要獲得用戶的信任，最根本的方法就是透過一些更真誠的方法與粉絲之間保持互動，讓粉絲感受到企業的真誠與熱情，如此一來，在企業發佈行銷資訊時，粉絲也會積極幫助企業轉發，這一點在移動大數據時代非常重要。

12.2.4 標籤行銷

　　在移動大數據時代，微博標籤的作用不能忽略，它和平臺數據、用戶數據息息相關，其作用包括兩點，如圖 12-14 所示。

圖 12-14 微博標籤的作用

企業設置標籤的方法如圖 12-15 所示。

圖 12-15 企業設置標籤的方法

同時，微博標籤設置要遵循五項規則，如圖 12-16 所示

圖 12-16 微博標籤設置的規則

| 微博標籤設置的規則 |
| 包括 |

| 定期調整 | 4字詞語 | 合理排序 | 節日標籤 | 心態問題 |

| 描述 | 描述 | 描述 | 描述 | 描述 |

| 針對同款產品，企業最好準備幾十組標籤詞 | 在產品較多時，能用4字片語描述產品的就用4字片語 | 企業要對標籤詞進行優化，優化是指合理地排序 | 趕上重大節假日時，必須定期更換標籤詞 | 微博上的人多達千萬甚至上億，不要期望所有人都關注自己 |

| 根據用戶搜尋習慣，定期調整自己的標籤詞的設置 | 優點是可以寫更多的詞，用戶搜尋時會自動匹配 | 前面6組全部用4個字的片語，後面的字數逐個遞減 | 例如雙十一，將「雙十一」放入標籤中，更利於搜尋 | 放寬心態，有1%的人關注自己就算成功了 |

12.3 移動大數據下的微博行銷案例

移動大數據時代的移動微博行銷雖然看起來還不是很成熟，但已經有很多廣為流傳的成功案例，藉由一些案例，讓讀者在具體案例運行環節中，對移動大數據時代下的微博行銷有更深一層的理解。

12.3.1 【案例】伊利舒化：活力舒化奶微博行銷

在消費者的心目中，牛奶多是營養、健康的象徵，很少會與「活力」這類具有動感的詞語聯繫在一起，但是伊利公司的舒化奶就運用這個契合點，成功地與世界盃結合在了一起。

伊利透過分析世界盃與不同行業之間的契合點數據，兼顧廣告商的各類行銷訴求、產品價值與市場需求等數據，再運用移動思維將這些大數據進行整合分析，然後想到了一個優質的方案：讓營養舒化奶和「活力」有效連結起來，然後嵌入世界

盃中。此行銷方案能夠成功的原因如圖 12-17 所示。

伊利將舒化奶與「活力」連接起來

行銷成功原因

世界盃是最考驗中國球迷活力的比賽

因為

所有的比賽基本都在後半夜

然而

這個時候是人們最需要有活力的時候

因為

要有活力才能堅持看完比賽

圖 12-17　伊利營養舒化奶行銷成功的原因

在世界盃期間，伊利營養舒化奶透過與新浪微博的深度合作，打響了品牌的知名度，相關介紹如圖 12-18 所示。

將行銷嵌入「我的世界盃」模組中

行銷嵌入模式

網友披上自己支持球隊的國旗，為球隊吶喊助威　　行銷方式　　**伊利與新浪微博合作**　　行銷方式　　將伊利營養舒化奶的特點與世界盃足球賽的流行元素相結合

作用

打響品牌的知名度，讓球迷對營養舒化奶產生印象，進而促進銷售

結果

新浪微博的世界盃專區，有 200 萬人披上了世界盃球隊的國旗，為支持的球隊吶喊助威，相關的博文也已經突破了 3226 萬條

圖 12-18　伊利營養舒化奶的具體行銷方法

伊利成功地運用移動大數據思維和微博行銷活動,將世界盃球迷與營養舒化奶巧妙地聯繫在一起,以達到行銷目的,進而為企業帶來商機。

12.3.2 【案例】京東:騰訊微博助力引流

京東商城於 2011 年進入騰訊微博,消費者從騰訊微博上的「我的首頁」點擊「微賣場」,就可以進入京東商城微博熱賣 APP,查看京東熱賣的商品,或者進行消費。透過 APP 應用程式,京東還可以與消費者進行有趣的互動,如圖 12-19 所示。

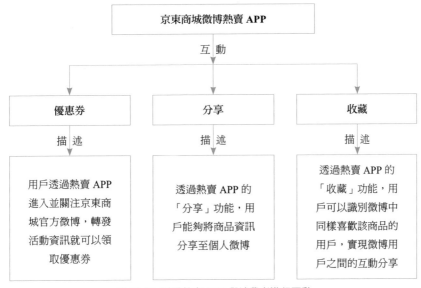

圖 12-19 透過熱賣 APP 與消費者進行互動

在移動大數據時代,粉絲一直是社群平臺上最核心的資產。據悉,京東商城與騰訊微博合作的短短一周時間內就收到了可觀的效果。各類數據顯示如圖 12-20 所示。

圖 12-20 京東商城與騰訊微博合作後的數據

從圖12-20可以看出，京東的這次微博行銷獲得了很大收穫，如圖12-21所示。

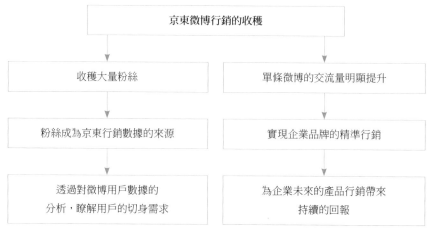

圖 12-21 京東微博行銷的收穫

移動二維碼,快速掃
碼的移動大數據

　　二維碼正在改變著人們的生活,並且越來越普及,越來越多的企業正透過二維碼的方式提供新鮮的商業應用,其極大地帶給人們便利的生活,二維碼可以說是移動大數據時代 O2O 模式很好的切入點。

移動二維碼,快速
掃碼的移動大數據
- 移動大數據下的二維碼概述
- 移動大數據下的二維碼行銷
- 移動大數據下的二維碼行銷案例

13.1 移動大數據下的二維碼概述

二維碼是按照一定規律，將特定的幾何圖形在平面上分佈成矩形方陣，主要用於記錄數據符號資訊的一種新型技術。二維碼很早就開始在國外應用了，通常被應用在城市管理服務體系和民眾日常生活服務中，二維碼具體應用如圖 13-1 所示。

圖 13-1 二維碼在實際中的應用

在移動互聯網時代，二維碼被稱為移動互聯網最好的載體，因為二維碼經過移動手機 APP 運算解析後，可以指向任何形式的內容，如圖 13-2 所示。

圖 13-2 二維碼經手機 APP 運算解析後的指向內容

13.1.1 二維碼在行銷方面的優勢

　　企業在運用二維碼進行產品推廣和行銷時，首先要瞭解二維碼行銷有哪些優勢，主要內容如圖 13-3 所示。

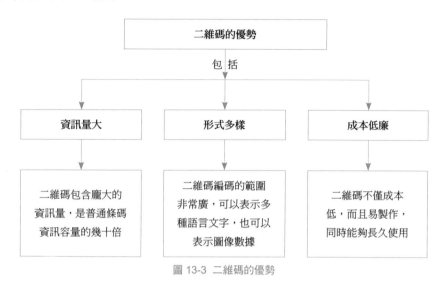

圖 13-3　二維碼的優勢

13.1.2 二維碼的相關應用和價值

　　隨著移動大數據時代的智慧手機的普及，企業越來越重視人和人之間的互動以及資訊數據的傳播，二維碼的出現，徹底引爆了這一市場。目前二維碼開發的價值如圖 13-4 所示。

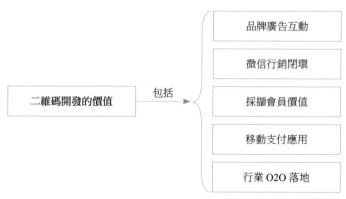

圖 13-4　二維碼開發的價值

從營運層面來看,目前二維碼的相關應用可分為五類,如圖13-5所示。

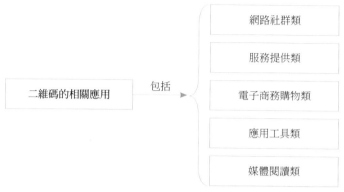

圖 13-5 二維碼的相關應用分類

1. 網路社群類

以微信為代表,介紹微信中二維碼提供的多種功能服務,其主要作用如圖 13-6 所示。

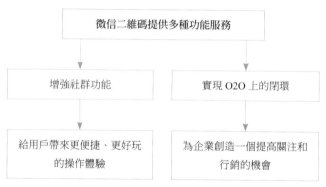

圖 13-6 微信中的二維碼功能作用

2. 服務提供類

服務提供類的二維碼範圍比較廣,比如透過二維碼為用戶提供從票證檢驗到資訊二維碼掃描顯示的一整套營運解決方案皆屬此類。

3. 電商購物類

移動電子商務平臺透過二維碼為用戶提供多種服務,如為企業產品製作二維碼,消費者只需掃描二維碼即可登錄電子商務平臺進行購買,這種模式給人們的生活帶來了諸多便捷。

4. 應用工具類

透過手機進行二維碼支付，獲得電子票務、消費打折資訊等都屬於此類。除此之外，還有查詢資訊、防偽溯源、執法檢查等也都屬於此類。

5. 媒體閱讀類

二維碼中包含極大的資訊量，隨著智慧手機的普及，二維碼掃描閱讀，也逐漸成了人們生活中的一部分。有的商家把二維碼印製在產品上，用戶掃描二維碼之後，就會進入當天更新的新聞頭條的介面中，這種行銷方式的優點包括兩點，如圖 13-7 所示。

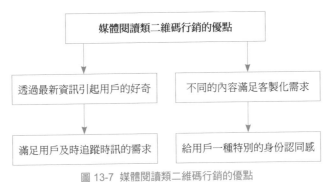

圖 13-7 媒體閱讀類二維碼行銷的優點

13.1.3 製作二維碼技巧

製作二維碼需要注意幾方面事項，如圖 13-8 所示。

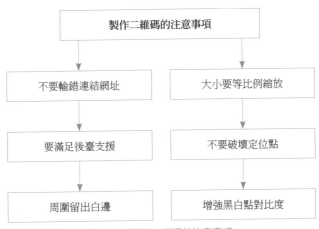

圖 13-8 製作二維碼的注意事項

1. 不要輸錯連結網址

在製作二維碼過程中，需要注意的是，很多免費製作二維碼的網站和軟體會為消費者預設了「http://」，因此在製作二維碼的時候，不要直接將網址進行複製黏貼，因為容易重複「http://」而導致連結錯誤。

2. 大小要等比例縮放

二維碼隨意放大或縮小都會造成條碼變形，因此二維碼不可隨意放大或者縮小，如果要縮放，就要等比例縮放大小，這樣就不會導致二維碼隨意變形。

3. 要滿足後臺支援

為達到實用的目的，商用的二維碼必須要有一個龐大的後臺支持，這樣就可以隨時更改、刪減掃描後所呈現的內容，而且還能根據不同的活動進行內容調整。

4. 不要破壞定位點

通常在二維碼的邊緣有 3 個「回」字一樣的定位點，其作用是在二維碼傾斜的狀態下，依然能夠被閱讀並識別。因此在製作二維碼時，儘量不要破壞到 3 個定位點，並且 3 個定位點的顏色對比鮮明，這樣就能方便軟體快速地找到定位點。

5. 周圍留出白邊

在二維碼的周圍留出白邊，可以方便軟體解碼時快速找到前面提到的 3 個定位點，幫助二維碼更快速地被讀取。

6. 增強黑白點對比度

普通的二維碼都是由黑點和白點交錯組成的，而二維碼掃描解碼軟體的主要工作是分析這些黑點和白點，從而判斷它們的位置，因此黑白點的對比一定要清晰。

13.2 移動大數據下的二維碼行銷

隨著移動互聯網、移動大數據的發展，智慧手機的普及以及 APP 應用程式的流行，二維碼已經成為企業資訊傳播的主要行銷工具之一。下面為讀者介紹移動大數據時代下的二維碼行銷策略。

3.2.1 創意行銷

在現實生活中，隨處佈滿了二維碼的身影，但是對於企業來說，廣泛發佈二維

碼並不能確保二維碼行銷能夠實現真正的盈利。因此，企業如果想要透過二維碼行銷獲得利益，就需要讓二維碼變得充滿趣味性，透過創意二維碼行銷來吸引更多用戶的目光。

人們通常看到的二維碼都是黑白格子的，這種單一的形式對於喜歡嘗鮮、創新的消費者來說，顯然沒有吸引力，因此經過一些移動大數據分析，發現豐富多彩的二維碼更能吸引人們的目光，從而讓人產生一探究竟的欲望。如何製作充滿創意的二維碼？具體形式如圖 13-9 所示。

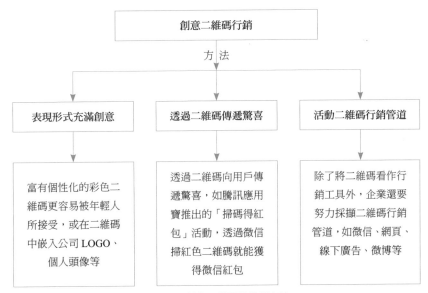

圖 13-9　創意二維碼的行銷方法

13.2.2　價值行銷

如果商家不告知用戶二維碼中隱藏的活動，用戶就不可能知道掃描二維碼之後會出現什麼內容，因此，如果商家已經確定了目標，就需要吸引用戶前來掃描二維碼。對用戶而言，他們不會去掃描不知隱藏了什麼內容和價值的二維碼，因此商家要明確地告知用戶，掃描該二維碼會有什麼好處。

用戶絕對不是為了掃二維碼而掃二維碼的，商家在做二維碼行銷活動時，不論給用戶提供的是什麼樣的價值，都得讓他們明確知曉，最忌諱的就是只擺出一個二維碼，但是卻沒有告訴用戶這裡面有什麼內容，這樣做會導致的兩種結果，如圖13-10 所示。

圖 13-10 不說明二維碼隱藏什麼價值的結果

　　其實對於大部分用戶來說，二維碼工具最方便的就是能夠透過「輕輕一掃」的操作，立即得知產品的相關數據，如果企業不說明二維碼中隱藏的內容，不僅會造成既有客戶的流失，也會讓企業錯失很多潛在客戶，這兩者都不是企業想要的結果，所以必須說明二維碼裡隱藏的內容，這樣才能獲得較好的掃描機率。

13.2.3 線上線下行銷

　　透過二維碼進行線上線下行銷活動，可以快速收集客戶的多種資訊，如客戶來源、關注點、回饋意見和使用體驗等資訊，從而幫助企業實現對行銷過程的多方面、多緯度、多角度的精準數據統計和分析，且從中採擷出商業契機。對二維碼線上線下行銷活動的意義，分析如圖 13-11 所示。

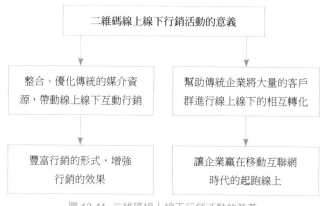

圖 13-11 二維碼線上線下行銷活動的意義

　　二維碼線上線下宣傳不僅可以收集用戶的資訊數據，進行移動大數據分析，還可以快速傳達企業的行銷活動，並利用手機電子商務實現便捷營利的目的，例如透

過與企業原有的廣告管道連結相結合的方式，實現實體廣告與虛擬客服服務無縫接軌，同時實現手機線上購買的功能。

無論將二維碼貼在如圖 13-12 所示的哪一種媒介上，都可以變身為虛擬行銷平臺，幫助企業搜集用戶的精準資訊。

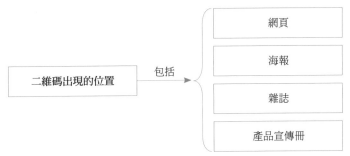

圖 13-12　二維碼出現的位置

對於商場來說，可以利用二維碼發放如圖 13-13 所示的各種優惠，促使顧客到門店購物的積極性，既增加了客流量，又製造出更多的行銷機會。

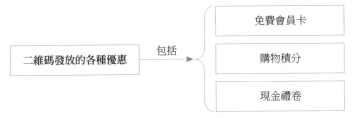

圖 13-13　商場可以利用二維碼發放各種優惠

專家提醒

除此之外，商家透過二維碼線上線下互動行銷，可以將線下的活動資訊帶到線上來，與用戶進行線上互動遊戲、相互推薦等形式，來提高用戶對品牌的關注度。

13.2.4　追蹤行銷

二維碼行銷要借助智慧手機設備的手機通訊、定位等功能進行精準行銷，相關介紹如圖 13-14 所示。

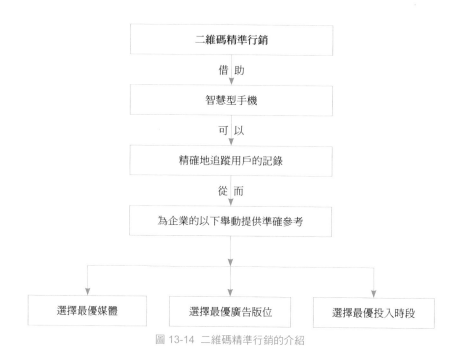

圖 13-14 二維碼精準行銷的介紹

如何實現對用戶的二維碼追蹤行銷？相關分析如圖 13-15 所示。

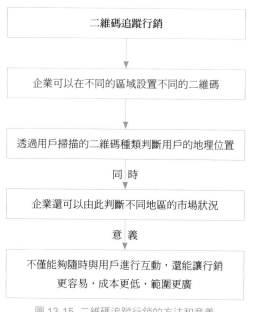

圖 13-15 二維碼追蹤行銷的方法和意義

13.2.5 雲端行銷

二維工坊網站透過將二維碼與雲端運算相結合，打造出了全新的雲端媒體行銷平臺，該平臺有兩方面的作用，如圖 13-16 所示。

圖 13-16 雲端媒體行銷平臺的作用

二維碼與雲端媒體行銷平臺相結合能為企業搜集大量線下用戶、市場針對性資訊，相關分析如圖 13-17 所示。

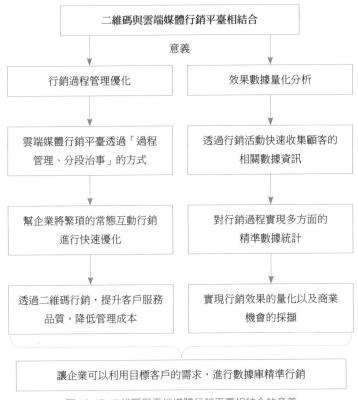

圖 13-17 二維碼與雲端媒體行銷平臺相結合的意義

13.3 移動大數據下的二維碼行銷案例

在移動大數據時代，二維碼已經被運用於各個領域，企業利用二維碼行銷的種種優勢，不僅帶動了傳統行業的轉型，還為自身帶來了更多的用戶量和利潤。很多企業製作了形式新穎、富有創意的二維碼，並在二維碼的功能使用上加以創新，獲得了超越對手的機會。

13.3.1 【案例】特易購：創建虛擬超市

人們工作越來越忙，每天去超市購物的時間可謂少之又少，對於企業來說，如何能讓用戶主動購買自己的產品呢？

韓國零售巨人特易購（Tesco）公司透過一家虛擬雜貨店解決了這個問題，相關介紹如圖 13-18 所示。

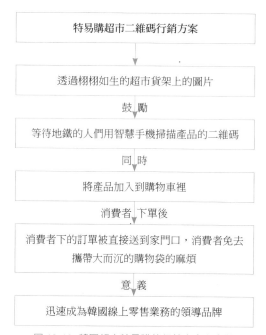

圖 13-18 韓國超市特易購的行銷方案和意義

特易購的虛擬超市二維碼行銷方式，讓很多企業爭相學習，目前正被中國的綜合性購物網站「一號店」所學習，並且已經在北京和上海的地鐵站和交通網站開始了小範圍的推廣。

這些貼在地鐵裡的海報看起來這就像真的在超市購物般，如圖 13-19 所示，如果按照特易購的這種模式發展，未來人們的生活會變得十分便捷，上班族只需要在早上等地鐵的時候將晚餐用的蔬菜瓜果選購好，就不用下班再去擠菜市場了，這樣既方便又省時。同時，超市還能透過不同的地鐵掃碼的人群，利用移動大數據技術瞭解各區域人群分佈情況，以及不同區域人群的生活習性與對食品的喜好程度，從而制訂更為貼切的行銷方案。

圖 13-19　特易購貼在地鐵的海報

13.3.2　【案例】同樂節：創意二維碼行銷

對於企業來說，利用二維碼串聯企業和商家可以舉辦大型的促銷活動。不久前，廣東省廣州市啟動了為期兩個月的「廣貨網上行・粵品悅購越精彩・百家商場千萬市民電子商務體驗同樂節」（以下簡稱「同樂節」）活動，如圖 13-20 所示，該活動橫跨了元旦、春節、元宵等幾大傳統節慶。

圖 13-20　同樂節活動啟動

同樂節由多家機構和企業聯合舉辦，如圖 13-21 所示。

圖 13-21　同樂節的舉辦方

活動開始後，消費者使用任何二維碼掃描軟體掃描帶有「同樂節」標誌的二維碼，即可便捷進入同樂節專屬手機頁面參與活動，這些二維碼遍佈於廣州、深圳、佛山的多個地方，具體範圍如圖 13-22 所示。

圖 13-22　同樂節二維碼遍佈的範圍

消費者透過掃描同樂節的二維碼可免費獲取成千上萬種手機優惠券，成功地激發了消費者對活動的興趣，讓廣大消費者真切地感受到了全新的消費體驗。而對於企業來說，透過二維碼掃描入口，可獲得消費者各類消費資訊，並瞭解在不同商城或者商店中消費者分佈的情況，根據這些收集到的數據，透過移動大數據進行分析，能夠對產品的品質、提供的服務以及售後服務進行規範化的調整。

13.3.3　【案例】墓園：推出二維碼墓碑

在二維碼風靡全球的時候，曾經有人提出將二維碼運用到墓園的墓碑中，使來祭奠的人只需要用手機掃一掃墓碑，就能瞭解這位逝者生前做過什麼，經歷過什麼

等。而國外已經實現了這種設想——推出新型的墓碑，墓碑上除了刻有死者的姓名外，還附有一個二維碼，透過這個二維碼，人們可以實現如圖13-23所示的行為。

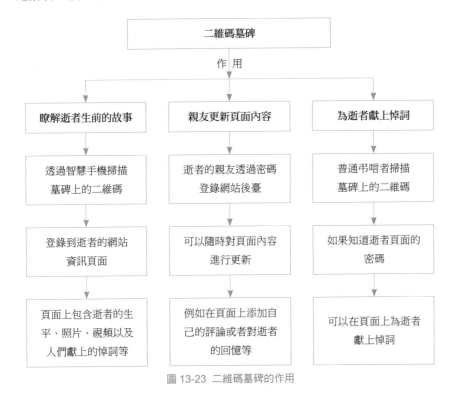

圖 13-23　二維碼墓碑的作用

據悉，瀋陽一家墓園開始提供二維碼墓碑免費製作服務，如圖13-24所示。

圖 13-24　二維碼墓碑

二維碼墓碑是一種基於如圖 13-25 所示的三種技術而開發的新型墓碑。

圖 13-25 二維碼墓碑技術

近年來，二維碼墓碑這樣的新興產業正好回應了國家對發展戰略創新要求的規劃，其潛在空間較大，但是想要做好二維碼墓碑行銷，光靠以上三種技術是不可能完成的，還需要大量的數據來做支撐。在移動大數據時代，個人資訊的傳播和數據的收集早已不是什麼難事，透過移動互聯網，很多逝者生前的故事都能透過大數據來顯示，但是工作人員在利用這些數據為逝者製作墓碑二維碼的同時，一定要先和逝者的親人進行溝通。

未來，二維碼墓碑可能會帶動一個產業鏈的發展，其意義不僅是為了讓後人記住他們的先輩，也是讓中國的人文精神得到更好的傳承。

13.3.4 【案例】奧瑞金：可變二維碼行銷

食品包裝公司奧瑞金，一開始是一家產品供應商，如今正在向服務供應商轉型，公司目前可提供的服務如圖 13-26 所示。

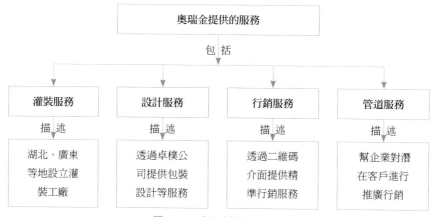

圖 13-26 奧瑞金提供的服務

2014 年 9 月，紅牛、奧瑞金和湘瑞公司合作推動可變二維碼智能包裝服務，致力於採擷移動大數據，提升消費者體驗。可變二維碼的相關介紹如圖 13-27 所示。

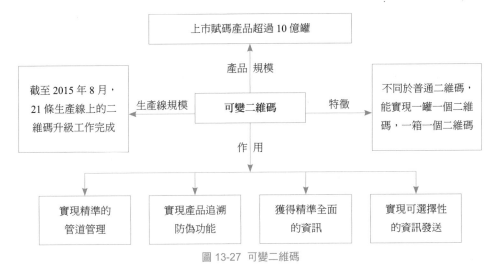

圖 13-27　可變二維碼

奧瑞金的二維碼共有三個版本，如圖 13-28 所示。

圖 13-28　奧瑞金二維碼的三個版本

奧瑞金這三個版本的二維碼，賦予民生消費品新的生命，將使傳統快消產業成為具有「物聯網」屬性的新型產業，透過二維碼實現移動大數據精準行銷，讓民生消費品市場呈現出如圖 13-29 所示的新特點。

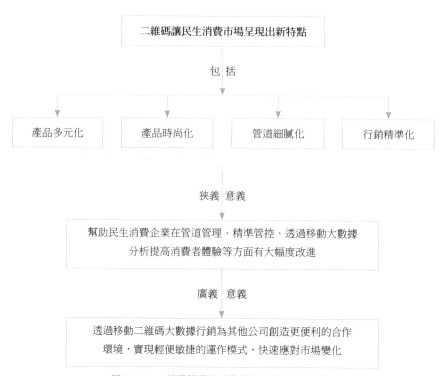

圖 13-29 二維碼讓民生消費品市場呈現出新特點

移動視頻，視聽體驗
的移動大數據　第 14 章

　　隨著移動互聯網的發展，視頻行銷已經成為市場上一種新型的行銷產物，無論是在資訊量還是在資訊的表達方式上，視頻都能給用戶帶來豐富的視聽體驗，這種行銷方式占盡視覺上和聽覺上的優勢，快速成為互聯網行銷重要的一環。

移動視頻，視聽體驗的移動大數據	移動大數據下的視頻概述
	移動大數據下的視頻行銷
	移動大數據下的視頻行銷案例

14.1 移動大數據下的視頻概述

在常用的資訊傳播媒介中，視頻可說是對資訊傳播最全面也最直觀，而且隨著移動互聯網的發展，人們日常生活中的移動資訊數據越來越多，對這些資訊數據進行分析整理就顯得尤其重要。視頻網站能夠搜集用戶的相關資訊，透過對這些數據的研究和分析，讓企業對不同地域、用戶、行為有精確的把握，並且透過數據讓消費者對品牌的認知方式和途徑進行刷新，這也許就是三網合一時代開拓的新領域。

14.1.1 移動互聯網視頻的優勢

中國的視頻行銷分為兩大類，如圖14-1所示。

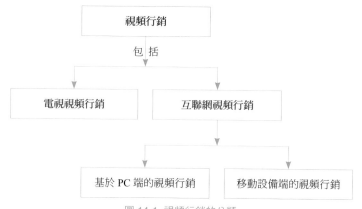

圖 14-1 視頻行銷的分類

就目前來說，電視的龍頭地位依然沒有動搖，但是隨著互聯網以及移動互聯網的發展和視頻網站的興起，電視作為視頻媒體已經逐漸出現難以消除的局限性，但是移動互聯網視頻行銷卻恰好能夠彌補這些缺陷和局限，這些局限性包括以下幾點。

- 電視視頻的嚴肅性。
- 電視廣告成本大。
- 電視視頻行銷難以形成病毒式傳播。
- 電視視頻行銷無法形成互動。

移動互聯網視頻行銷的特點剛好能夠克服這些局限性，如圖14-2所示。

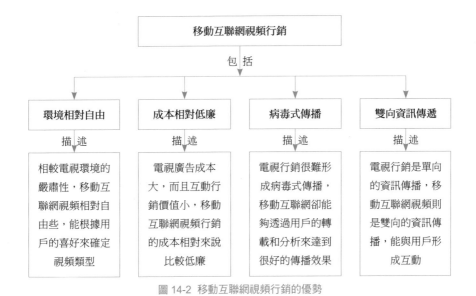

圖 14-2　移動互聯網視頻行銷的優勢

14.1.2　移動視頻行銷的價值

　　隨著智能設備的普及，移動視頻逐漸成為很多人生活中不可或缺的一部分，同時移動視頻的興起也為企業打開了一扇新的大門，即透過移動視頻進行品牌和產品的宣傳和推廣。

　　移動視頻行銷兼具視頻與移動互聯網的優點，如圖 14-3 所示。

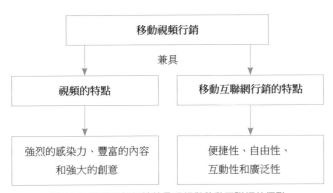

圖 14-3　移動視頻行銷兼具視頻與移動互聯網的優點

　　圖 14-3 所示的兩大特點讓移動視頻深受廣大用戶的喜愛，除此之外，移動視頻行銷還憑藉其巨大的商業價值獲得了企業家的喜愛，如圖 14-4 所示。

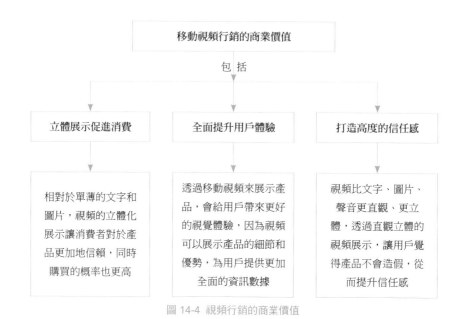

圖 14-4 視頻行銷的商業價值

14.2 移動大數據下的視頻行銷

移動視頻行銷的精髓在於視頻的點擊量上，視頻的點擊量越高，說明穿插在視頻中的行銷資訊就被傳播得越廣，看到行銷資訊的人也越多。但我們能發現，在移動手機的視頻軟體裡，有的視頻點擊率超高，有的視頻點擊率卻非常低。面對這種情況，企業肯定會思考：什麼樣的視頻才能獲得超高的點擊率呢？

想要獲得這個答案，企業就必須透過現象看本質，透過移動大數據技術，來獲得更為精準的行銷方式，瞭解移動互聯網的特性以及視頻行銷的特色。

14.2.1 病毒行銷

視頻的病毒行銷是指透過視頻廣告將產品在移動互聯網上進行廣泛的傳播，其最重要的核心在於視頻的創意，而創意是否貼近潮流、具有新意，是否抓住了讀者的焦點，決定著視頻是否能夠進行病毒式的傳播。

移動視頻病毒行銷的相關流程如圖 14-5 所示。

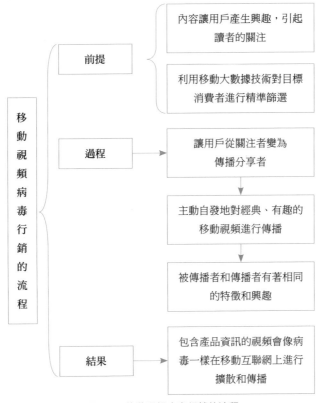

圖 14-5　移動視頻病毒行銷的流程

在移動互聯網和移動大數據的網路時代，視頻還可以透過「視頻＋口碑＋內容」的傳播組合形式在社群移動網平臺進行傳播，例如透過移動微博平臺進行視頻的宣傳和推廣，如果視頻好看有趣，用戶自然會進行轉發或評論；又如移動微信平臺，在微信朋友圈或者微信公眾帳號裡進行視頻的推廣，也能引起病毒式的傳播。企業必須明白，在移動大數據時代，數據決定一切，移動網路視頻被傳播得越多，證明其行銷價值就越大，因此做視頻行銷一定不能錯失病毒行銷方案。

14.2.2　多屏行銷

視頻的多屏行銷也叫作整合行銷，為什麼要做視頻的整合行銷呢？因為網站透過移動大數據分析，得知每個用戶觀看視頻的媒介和移動互聯網接觸行為習慣均不同，因此為了讓視頻行銷達到更好的效果，光靠單一的視頻傳播方式很難做到，必須透過整合的傳播模式來促進視頻行銷推廣的力度，具體方法如圖 14-6 所示。

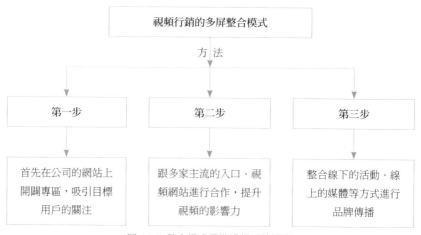

圖 14-6 整合模式促進視頻行銷推廣

14.2.3 內容製造

在移動大數據時代，無論是在微博上行銷，還是在微信、APP 上行銷，其關鍵都在於內容方面，視頻行銷也一樣，好的內容決定了其如圖 14-7 所示的兩個方面。

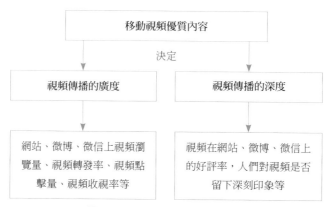

圖 14-7 移動視頻優質內容的意義

如果說傳統視頻或者電視視頻的內容強調意義性和品位性，那麼移動視頻的內容則更側重於趣味性、自由性以及客製化。好的視頻自己會長腳，能夠不依賴傳統媒介的管道，透過自身魅力擄獲無數網友的心，並讓這些網友作為視頻傳播的中轉站，將視頻依次傳遞出去，實現產品的高效曝光。

視頻的內容該如何取捨？企業需要透過品牌定位以及移動大數據技術打造出最適合行銷的內容，如圖 14-8 所示。

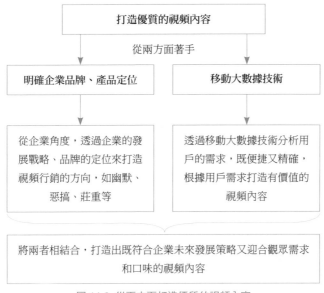

圖 14-8 從兩方面打造優質的視頻內容

14.2.4 視頻互動

移動互聯網為企業和網民的互動創造了良好的舞臺，企業需要重點策劃如何提升用戶的參與度的計畫，原因如圖 14-9 所示。

圖 14-9 企業視頻行銷要重視用戶參與的原因

現在許多的移動視頻網站和播放軟體都帶有彈幕的功能，企業想要透過視頻達到一定的行銷效果，就必須利用這一功能，關於該功能的介紹如圖 14-10 所示。

圖 14-10 彈幕的功能介紹

　　透過彈幕功能，企業能夠與線上的所有用戶形成互動，但使用該功能時需要注意彈幕頻率，不能太頻繁，否則會嚴重影響用戶的觀看，從而降低用戶的體驗。彈幕的內容最好能夠一針見血，直戳用戶的焦點，不浪費每一次發佈彈幕的機會。

　　除了發佈彈幕之外，視頻區下方的評論區域也是企業能夠利用的部分，但是評論區域的互動效果沒有彈幕區域的效果好，原因如圖 14-11 所示。

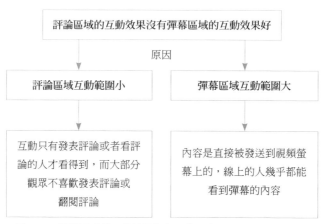

圖 14-11 評論區域的互動效果沒有彈幕區域的互動效果好的原因

　　企業可以從彈幕區域和評論區域採擷更貼合用戶需求的資訊，從這些資訊內容出發，透過移動大數據技術，分析出用戶的觀看習慣、興趣方向，為當前的視頻內容調整提供科學依據，也可以為未來的視頻行銷方向奠定基礎。

14.2.5 藝術思維

移動視頻一旦加入了市場，就要接受市場競爭的考驗，想要經得起考驗，就必須最大化地發揮其在市場的商業性，創造更多的經濟收益。雖然這似乎和視頻的藝術性思維沒有任何相關點，但是企業必須記住：藝術性是檢驗視頻行銷商業價值的基礎標準之一。

尤其是在微電影領域，更加要明白藝術性的重要性，但是一味地向藝術方向轉型，而放棄商業性質也是不可取的，因為一味地吹捧藝術化或者一味地用低俗品位取向迎合大眾，認為賺錢就是一切的微電影，無法贏得觀眾的喜愛。因此，要將微電影的商業性與藝術性相結合，在做到不排斥商業化運作的同時，對視頻的藝術性有一定的監控，從而達到兩者的平衡。

14.2.6 類型豐富

視頻行銷之所以備受青睞，是因為其類型豐富，容易博得眾人的目光。就微電影來說，本書總結了五種類型，如圖 14-12 所示。

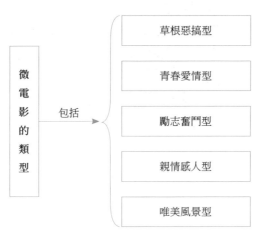

圖 14-12 微電影的五種類型

同時，微電影除了已經出品的諸多劇情片、愛情片、喜劇片之外，還可以進行多方面的嘗試，如紀錄片、動畫片、音樂片等。同時，公益微電影、電影番外篇等也可以成為微電影行銷的新思路。

14.3 移動大數據下的視頻行銷案例

大數據下的視頻精準行銷在生活中隨處可見，可能作為普通人，並不太關注這些，然而在資訊、數據發展時代，作為企業一方，就不得不去關注它，因為在視頻行銷領域，越來越精準的行銷才會帶來預期的行銷效果。下面筆者透過幾個案例，來分析企業是如何利用大數據做到產品在視頻中進行精準行銷的。

14.3.1 【案例】別克：打造十二星座微視頻

上海通用汽車別克品牌曾與優酷網聯手，打造了「別克轎跑系十二星座微電影」，如圖 14-13 所示。

圖 14-13 十二星座微電影

這部電影成功達到口碑和播放量雙豐收的完美效果，如圖 14-14 所示。

圖 14-14 別克轎跑系十二星座微電影獲得雙豐收

別克轎跑系的目標客戶群為當代精英階層及時尚先鋒人士，他們兼具如圖 14-15 所示的特徵。

圖 14-15 別克的目標受眾所具備的特徵

而「別克轎跑系十二星座微電影」主要聚焦當代精英的內心，從十二星座這個話題切入，透過不同星座不同性格的人或事，打造出年輕人不斷追求挑戰、超越自我的電影。透過該電影，別克將自身的汽車品牌理念與目標消費群體進行了一次很好的情感上的互動。

電影中最大的亮點是結合了當下年輕人群最熱衷的十二星座話題，透過這些不同星座的人的視角，向時下的精英們傳遞自己的品牌理念，達到與不同個性的精英們之間產生交流與共鳴。

同時，別克在此次的傳播策略上利用移動大數據技術將優勢管道資源一網打盡，具體做法如圖 14-16 所示。

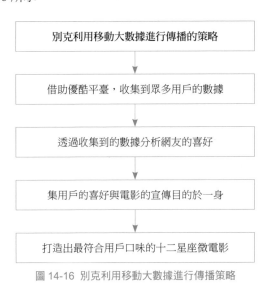

圖 14-16 別克利用移動大數據進行傳播策略

14.3.2 【案例】三星（Samsung）：微電影產品植入

《I KNOW U》是一部講述了一名外星人來到地球，與地球上的平凡小廚師擦出愛的火花的故事，如圖 14-17 所示。該電影自上映以來，經過短短半個多月的時間，在各大入口網站及視頻網站中的點擊率便突破了億次大關。

圖 14-17 微電影《I KNOW U》

在該電影中，男女主角透過手機進行交流分享，逐漸發現彼此心靈相通，最終走在一起，三星手機的廣告植入非常明顯，甚至男女主角的感情發展也是以三星手機來作為「見證」的，同時微電影還將三星 Galaxy 的品牌概念植入進去，賦予了故事重要的「使命」。

三星之所以選擇這部微電影進行廣告的植入，主要是基於以下的幾點原因，如圖 14-18 所示。

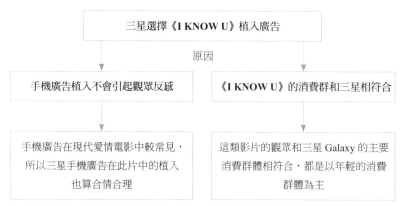

圖 14-18 三星選擇這部微電影植入廣告的原因

　　當然，三星手機透過這部微電影能夠一鳴驚人，除了借助明星效應之外，還得益於三星利用移動大數據技術對移動用戶進行了數據分析，從而能夠精準地分析出產品的用戶群，只有掌握了這些資訊，才能夠選擇最合適的微電影進行最精準的行銷。

14.3.3　【案例】伊利和加多寶：節目冠名行銷方式

　　無論是電視節目還是網路節目，基本上所有受歡迎的節目都會有冠名商，例如2014年，看過《爸爸去哪兒》和《中國好聲音》這兩檔節目的觀眾一定會對「伊利牛奶」和「加多寶涼茶」印象深刻，伊利用了3.1億元冠名《爸爸去哪兒》，如圖14-19所示，而加多寶則用了2.5億元冠名《中國好聲音》，如圖14-20所示。

圖14-19　伊利冠名《爸爸去哪兒》

圖14-20　加多寶冠名《中國好聲音》

1.《爸爸去哪兒》

為什麼伊利願意用3.1億元贊助《爸爸去哪兒》？因為伊利企業對《爸爸去哪兒》的收視群體數據進行了分析，發現《爸爸去哪兒》的收視群和伊利產品的目標消費群體有所重疊。如圖14-21所示為湖南衛視公佈的相關收視數據。

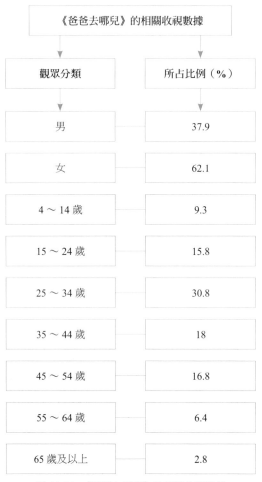

圖 14-21　《爸爸去哪兒》的相關收視數據

從圖14-21可以看出，《爸爸去哪兒》的核心觀眾群為女性觀眾，占比近2/3，25～34歲群體的占比也較高，達到了30.8%。

那麼，《爸爸去哪兒》這樣的用戶群分佈對伊利產品的行銷推廣有什麼好處呢？下面為讀者分析一下伊利牛奶的主要消費群體。

伊利集團旗下的產品，最直接的消費者其實是兒童，但是大部分的兒童不會自己去購買這些產品，一般都是透過父母為他們購買，從圖14-21中的收視數據可以看

出，《爸爸去哪兒》的觀眾群體中，女性觀眾是占比最多的，其次是 25 ～ 34 歲的觀眾，這兩類人群正好就是伊利產品的目標消費群體。

2. 《中國好聲音》

同樣地，加多寶冠名《中國好聲音》也是針對自己的目標消費群體，借助移動收視率較高的視頻進行精準行銷。下面為讀者分析加多寶和《中國好聲音》的消費群和收視群情況，如圖 14-22 所示。

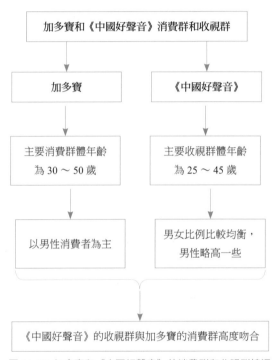

圖 14-22 加多寶和《中國好聲音》的消費群和收視群情況

在移動大數據時代，移動視頻行銷是建立在對移動視頻收視數據的分析基礎之上的，同時以節目冠名的形式可以為雙方帶來雙贏，如圖 14-23 所示。

圖 14-23 節目冠名的作用

14.3.4 【案例】易車：開發移動端視頻價值

關於易車企業的詳細介紹如圖14-24所示。

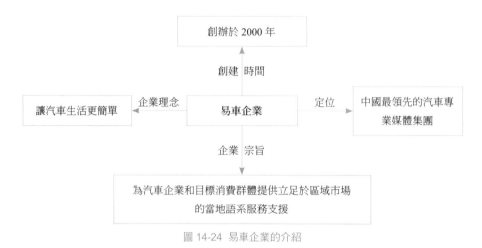

圖 14-24 易車企業的介紹

易車旗下的易車網隸屬於易車企業，該網站著力於為汽車廠商和區域經銷商的整合行銷提供解決方案，具體的解決流程如圖 14-25 所示。

圖 14-25 易車網為汽車廠商和經銷商提供解決方案的流程

易車的「三級兩線」的商業模式如圖 14-26 所示。

為了將旗下的二手車網站「淘車網」為了與樂視雲端視頻移動端 SDK（應用開發套件）融合，易車網於 2013 年 11 月和中國第一大雲端視頻平臺「樂視雲端視頻開放平臺」達成了移動視頻戰略合作。其實在此之前，樂視雲端視頻開放平臺已經透過 PC 端為易車網提供了一站式的視頻服務，相關介紹如圖 14-27 所示。

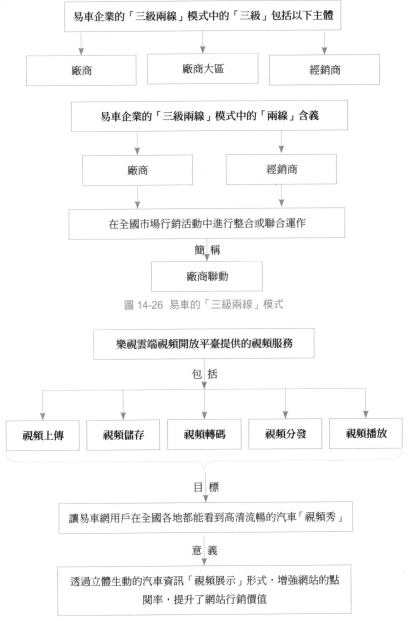

圖 14-26 易車的「三級兩線」模式

圖 14-27 樂視雲端視頻開放平臺為易車網提供的一站式視頻服務

然而，隨著移動互聯網的發展，PC端的視頻服務已經不能滿足企業行銷的需求，因此移動端視頻逐漸走上了行銷的大舞臺。據調查顯示，在二手車交易市場，如果用戶透過手機視頻對汽車進行全方位的瞭解，用戶對於這部車購買的欲望就會提高兩倍左右，因此，經銷商如果利用手機將汽車的展示視頻上傳到網站，行銷效果將會達到最佳。

易車網旗下的「淘車網」就是透過這種方式對旗下的產品進行行銷的，相關介紹如圖 14-28 所示。

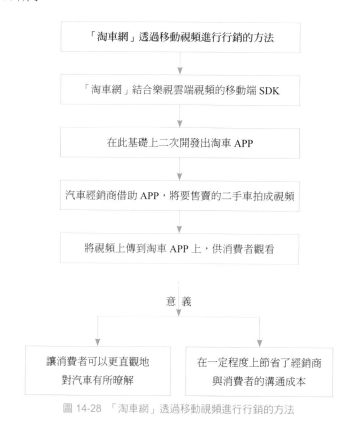

圖 14-28 「淘車網」透過移動視頻進行行銷的方法

據悉，易車網依託樂視雲端視頻的移動端 SDK，未來還可能根據汽車經銷商的需求，開發定制諸多垂直類的應用，如圖 14-29 所示。

圖 14-29 未來易車網可能開發定制的垂直應用

易車網透過開發定制 APP 應用,可以為汽車愛好者提供各類視頻播放服務,具體內容如圖 14-30 所示。

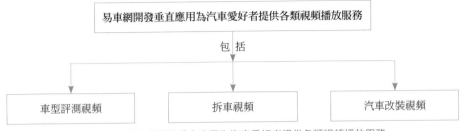

圖 14-30 易車網開發垂直應用為汽車愛好者提供各類視頻播放服務

目前,在移動互聯網以及大數據的雙重趨勢下,越來越多的傳統汽車網站開始認可移動終端視頻的價值,尤其是移動互聯網用戶的數量,能為企業在移動互聯網端的行銷提供重要的參考,易車企業就是看到了這一趨勢,而與樂視雲端視頻展開了深入合作。未來,易車企業的移動視頻行銷還將滲透到線上幼教、電子商務等更多領域。

時刻警惕，擺脫風險
的移動大數據 　第 15 章

風險和契機是移動大數據的一體兩面，在關注契機帶來的商業價值的同時，也應該注意其風險防範。用戶在應用大數據時，不僅要讓「大數據做正確的事」，更需要「引導大數據做正確的事」，同時注意用戶心態的調整，只有這樣才能達到移動大數據的安全應用。

時刻警惕，擺脫風
險的移動大數據 {
移動大數據的安全風險

移動大數據的風險管理

移動大數據的應用風險與風險控制

15.1 移動大數據的安全風險

對所有事物而言，周圍社會的影響都是具有一體兩面。移動大數據亦是如此。它在給人們的生活便利和企業與商家帶來契機的同時，也存在諸多領域的不足和應用風險。

15.1.1 移動大數據的問題產生

大數據是資訊通訊技術發展累積的結果，在移動互聯網時代更是發展迅速。，隨著資訊技術日漸成熟而引起數據量的劇增，許多問題也日益突顯出來，如圖 15-1 所示。

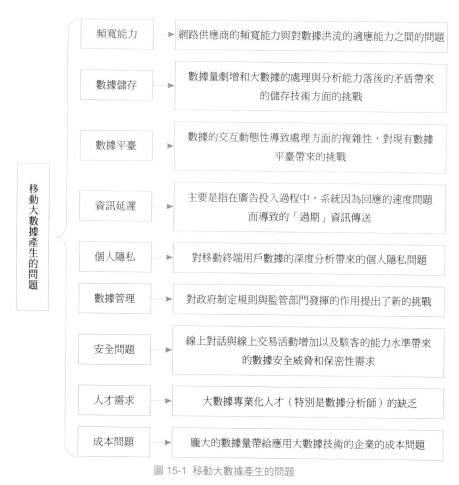

移動大數據產生的問題		
	頻寬能力	網路供應商的頻寬能力與對數據洪流的適應能力之間的問題
	數據儲存	數據量劇增和大數據的處理與分析能力落後的矛盾帶來的儲存技術方面的挑戰
	數據平臺	數據的交互動態性導致處理方面的複雜性，對現有數據平臺帶來的挑戰
	資訊延遲	主要是指在廣告投入過程中，系統因為回應的速度問題而導致的「過期」資訊傳送
	個人隱私	對移動終端用戶數據的深度分析帶來的個人隱私問題
	數據管理	對政府制定規則與監管部門發揮的作用提出了新的挑戰
	安全問題	線上對話與線上交易活動增加以及駭客的能力水準帶來的數據安全威脅和保密性需求
	人才需求	大數據專業化人才（特別是數據分析師）的缺乏
	成本問題	龐大的數據量帶給應用大數據技術的企業的成本問題

圖 15-1 移動大數據產生的問題

15.1.2 移動大數據的風險

　　整合前面述及的眾多問題中，大數據在應用方面給個人和企業帶來了重大風險，主要表現在五個方面，具體內容如下。

1. 用戶隱私洩露

　　在這裡，用戶包括企業或商家用戶和個人用戶。利用大數據能夠全面瞭解網路平臺上出現過的用戶，不論是企業或商家的產品等方面的資訊還是個人用戶的基本數據資訊，都會為外界所獲知，而這些資訊中有些是用戶不願洩露出去的，而大數據技術使得這些資訊及其深層次問題在數據分析面前無所遁形。

　　從個人用戶來說，在移動互聯網時代，透過智慧手機對用戶手機內的通訊資訊和地理位置資訊等都能完全掌握，如圖 15-2 所示。

圖 15-2　智慧手機各種 APP 對個人用戶的訊息和許可權管理

　　除了智慧手機 APP 導致的個人用戶隱私的洩露外，還有一些關於個人行為引起的隱私洩露，如圖 15-3 所示。

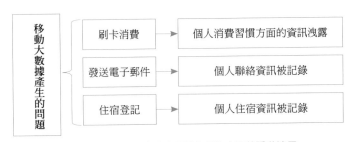

圖 15-3　移動大數據環境下個人行為方面的隱私洩露

從企業或商家用戶來說，利用大數據技術，能夠從企業或商家在網路平臺上發佈的資訊和其他管道內的交易記錄（如進貨、銷售等）中瞭解企業，對企業的這些資訊進行深層次分析，都可能導致企業機密和隱私的洩露。

隨著產生、儲存和分析的數據量加大，未來隱私洩露問題將更加突顯，也將更加引起個人、企業和相關部門的重視，這些方面問題的解決措施將逐漸完善。

2. 企業成本控制

企業在大數據利用方面將面對各方面的成本投入，如圖 15-4 所示。

圖 15-4 企業在使用數據資源時的成本投入

隨著移動互聯網的發展和時間的推移，企業方面關於客戶的諸如其消費偏好、網站瀏覽痕跡和習慣等方面的數據量越來越大，企業想要對其進行分析從而進行生產規劃和實現精準消費，那麼其在大數據的處理方面投入的成本將明顯增加，且這一趨勢會隨著數據量的增加呈現出不可控制和預料的情形。

3. 網路安全風險

目前，人們更多的事情處理都透過網路來解決，這將帶給人們極大的便利，同時因為這一趨勢，使得一些網路犯罪分子利用網路安全性漏洞來進行某些犯罪行為。關於網路故障和安全問題產生的因素主要包括五點，如圖 15-5 所示。

圖 15-5 網路安全風險產生的主要因素

4. 數據管理風險

在大數據管理上，由於其使用的處理、採擷和分析方法及工具的相似性，其結果必然也將具有相似性，這樣很容易導致使用大數據的企業在管理方面的相似性。在這種情形下，企業管理將呈現僵化和膠著的狀態，沒有任何創新性可言。

不可諱言的，目前許多企業關於大數據的利用是在其對大數據並不完全瞭解的情形下進行的，甚至有些企業在這方面的應用僅利用一些獨立系統甚至試算表進行分析，這些都將引起大數據管理上更大的風險問題。

在大數據的管理方面，企業應該掌握相關方面的能力，如圖 15-6 所示。

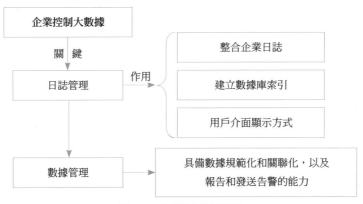

圖 15-6　企業的大數據管理

5. 人才缺乏問題

目前，大數據的快速發展和大數據相關方面的人才缺乏與不對等問題，已經成為大數據利用方面的重要問題，也是企業或商家在部署大數據系統方面所面臨的主要困難之一。

對於大數據這一方面的人才來說，應該具備相應的技能，具體如圖 15-7 所示。

圖 15-7　大數據職位具備的相關技能

目前大數據環境下，企業在這方面缺乏的無疑是以下兩類人才。

- 數據平臺建設人才。
- 數據採擷應用人才。

15.1.3 移動大數據的錯誤認知

一提到大數據，人們想到的首先是它所具有的巨大的商業價值，關於大數據的認識還很不全面。無論是個人用戶還是企業用戶（或商家），他們仍然處於移動大數據的錯誤認知裡，還沒有從中走出來，有關於大數據的誤解，主要表現在七個方面，具體內容如下。

1. 大數據專案的盲目跟隨

人們總是有一種追逐時髦和追趕時代的本能，大數據作為目前資訊技術領域的時髦詞彙，使得許多企業在還沒有瞭解大數據的情況下就貿然投入，企圖在大數據這一時代的大潮流下走捷徑以獲得發展，這樣做的結果往往會適得其反，還有可能產生極大的風險，創建出一個毫無用處的「大數據系統」。如果在此基礎上不採取謹慎的態度就加以應用，那將對公司的發展決策、產品生產和後期銷售產生不可預測的影響。

2. 大數據專案的「噱頭」應用

大數據項目，除了其數據收集和分析過程，還包括後續應用和回饋過程，如圖15-8所示。

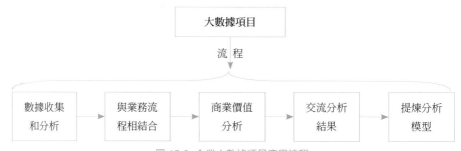

圖 15-8 企業大數據項目應用流程

目前有些企業僅僅是把大數據這一熱門技術看成「噱頭」來吸引業務，而不是在企業運作過程中加以應用，從而真正實現大數據的利用。即使有些企業用到了大數據，也只是其中相當少的一部分，還不到數據總量的 0.5%，這些都意味著大數據的極大浪費。

3. 大數據的「軟體萬能」的誤解

在大數據所涉及的內容中，數據分析軟體所引起的作用是非常巨大的，但認為所有的問題都可以交給分析軟體處理而不去動腦思考，把這一軟體看成萬能的想法也是不可行的。

從某種意義來說，大數據只是一個企業用來產生商業價值的工具，並不能完全代替人類思考和分析。若是認為數據分析軟體是萬能的，而把一切交給大數據處理，並過度依賴大數據所做的決策，將會使企業發展陷入困境。

人們常說要具體問題具體分析，這一想法在大數據問題上同樣適用。在現實社會中的商業市場是瞬息萬變的，應用大數據軟體指導商業行為，存在許多具體操作過程中的不確定性。這些不確定性同樣會使得「軟體萬能」這一認識有著其不可忽視的紕漏之處。

4. 大數據成果的過分誇大

大數據分析專案的結果是實際應用和產生效用，有些企業往往對這種結果做出「過度承諾」，過分誇大和宣揚大數據。這一做法可能在短時間內能讓大數據項目獲取利潤，從而促進它「商業價值」的實現，但長期發展下去，假如這一數據項目不能達到其承諾的效果，甚至效果只是承諾的一小部分，這不僅不能達到預期的收益水準，還有可能對客戶造成巨大損失，而這些損失極有可能由提供大數據專案的企業承擔。由此可見，大數據成果誇大的效果不會是企業或商家所樂見的，是應該避免的。

5. 大數據項目應用的僵化

在大數據專案的應用中，一些企業理所當然地認為所謂的「大」只是交易量的加大和數據量的增加，因而在一開始時所選擇的發展方向就有了偏差，其結果將會離預期目標越來越遠。

另外，其利用思路的僵化還表現在企業面對不同場景時的不知變通，以完全不適用於企業應用程式和數據庫中數據的方式來進行管理和分析，也是企業應避免的。企業在選用應用程式和採擷數據時，應依據不同背景變通，以進行分析和管理，避免大數據應用的僵化。

6. 輕忽他人經驗

與上面「大數據項目應用的僵化」不同，「輕忽他人經驗」這一認知則走向了與之相反的極端。在這一認識裡，認為大數據中的一切都是不同的，需要從頭開始而忽視了前人的經驗。其實，前人的數據分析經驗只要場景合適，是完全可以借用的，這樣不僅可以避免更多錯誤和問題的產生，還能節省時間和精力。

7. 過分注重數據量

在大數據專案的構建中，很多企業往往更偏向於注重數據量的累積，不斷構建
在大數據專案的構建中，很多企業往往更偏向於注重數據量的累積，不斷構建和升
級企業的 IT 系統，妄圖囊括所有數據。其實，這是一個不可能的任務目標。且數據
量的獲得並不代表數據資訊的獲取，這中間還有一個數據採擷的過程。因此，在大
數據專案的建設中，經過採擷後獲取有用的數據價值才是關鍵。

15.2 移動大數據的風險管理

俗話說：頭痛醫頭，腳痛醫腳，對症下藥。在移動大數據的風險管理方面，也
該如此，從其根源著手，做好大數據的管理。由此看來，做好大數據的風險管理主
要應該處理好三個方面的問題，即硬體設備管理、軟體管理和認知調整。

15.2.1 硬體設備管理

在大數據應用方面，首先需要將數據進行儲存和管理，其中，硬體設備有著重
要的作用。在這裡，硬體設備是指 IBM StorWize V7000 儲存系統、戴爾 EqualLogic
系列產品和 NetApp FAS 系列產品的控制器。

1. IBM StorWize V7000 儲存系統

IBM StorWize V7000 是 IBM 終端磁片儲存系統的一款產品。這款產品一經發佈
就引起了廣泛關注，主要原因是其有著三個方面的特點，如圖 15-9 所示。

圖 15-9 IBM StorWize V7000 儲存系統的特點

IBM StorWize V7000 儲存系統完全符合傳統數據中心的儲存方式發展的脈絡，
其採用橫向擴容的方式，提供從低端起步、再逐漸增加控制器和容量的模式，以滿
足數據和業務的增長。

2. 戴爾 EqualLogic 系列產品

戴爾 EqualLogic 系列產品也是用於數據儲存的產品，這一系列產品同樣具有三

個方面的特點，如圖 15-10 所示。

圖 15-10 戴爾 EqualLogic 系列產品的特點

在面對未來大數據儲存方面非結構化數據的增長和虛擬化、雲端運算轉型需求等兩個挑戰時，戴爾 EqualLogic 系列產品將能完美地應對。

3. NetApp FAS 系列產品

NetApp FAS 系列產品在大數據方面的處理工作將是完整的和一體的，包括雙機集群（HA）系統、檔案系統、RAID、網路 I/O 等。在硬體設備方面，NetApp FAS 系列產品的特點主要包括三個方面，如圖 15-11 所示。

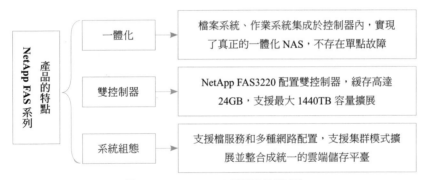

圖 15-11 NetApp FAS 系列產品的特點

15.2.2 軟體管理

在移動大數據的軟體管理方面，主要是透過網路平臺和 APP 入口管理來實現，具體內容如下。

1. 實行用戶 APP 入口的統一管理

對各種 APP 做分類，並由管理者統一管理和提供用戶體驗，在這種管理系統中，實行對角色的瀏覽控制和分權分域模組設置，從而實現對用戶行為的分類記錄。

2. 健全網路平臺管理

在網路平臺上，對各個方面做規範化管理，如圖15-12所示。

圖 15-12　健全網路平臺管理

15.2.3　認知調整

在面對移動大數據的風險方面，用戶的認知調整非常重要，具體內容如下。

1. 走出錯誤認知

上面已經對移動大數據的錯誤認知作了比較詳細的介紹，面對移動大數據的風險，首先需要對大數據有一個清楚、明確、全面的認識，從而走出大數據的錯誤認知。想從移動大數據的錯誤認知出發，應該從七個方面著手，具體內容如圖 15-13 所示。

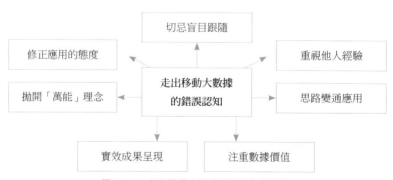

圖 15-13　走出移動大數據錯誤認知的調整

2. 心態調整

在移動大數據環境下，關於大數據這一領域，利益、隱私和安全等都是用戶考慮的範圍內，當面對它們時，無關利與弊，用戶應該在心態上進行調整，具體內容

如下。

(1) 慎重對待。任何事物都是一體兩面的大數據尤其如此。因此，在面對大數據時，應該慎重對待，既不因為大數據應用所獲得的巨大利益而躍躍欲試，急於求全；也不因為大數據的風險存在而惶恐不安，時刻擔心。慎重對待大數據是用戶應對的正確態度。

(2) 保持防範意識。在大數據技術存在諸多風險的情形下，用戶時刻保持警惕心和防範意識是很有必要。對一些涉及自身安全、隱私等方面的資訊要增強保護意識，只有這樣才能更安全、更放心地享受移動大數據帶來的豐碩成果。

15.3 移動大數據的應用風險與風險控制

這裡所提及的風險具有兩層意義，一方面移動大數據的應用本身所存在的風險，另一方面利用移動大數據可以辨別的風險。

這兩個方面都是基於移動大數據環境下巨量的數據資訊來說的，透過這些數據分析與採擷，既可以引起自身資訊的洩露，又可以利用這些數據資訊對外界風險進行判斷。

15.3.1 移動大數據的應用風險案例

利用移動大數據會產生資訊安全和隱私洩露等風險問題，這是眾所周知的。在這裡，主要介紹一下有關這方面的具體案例。

1. 移動大數據下的支付寶應用風險

目前，透過支付寶方式存錢和轉帳等變得非常便利，然而在這種便利產生的同時也相繼帶來了風險。

2014 年某日，一男子匆匆走進蘇州一派出所報案，聲稱其支付寶裡的 32 萬元在沒有接到短訊提醒的情形下被莫名轉走。

為此，網路警察對這一案件進行了調查。發現 32 萬元是被分成了 230 筆轉走的，每筆金額都比較零散，沒有超出被害人設置的警示短訊服務免除的最高金額，並且在對受害人的手機、電腦硬碟和筆記型電腦等檢查的過程中，並沒有發現可疑軟體和病毒存在。那麼，被害人支付寶帳戶內的 32 萬元到底是怎樣被轉走的呢？

原來，嫌犯是利用網路駭客的各種手法，竊取被害人的帳號密碼後，轉走被害人 32 萬元，如圖 15-14 所示。

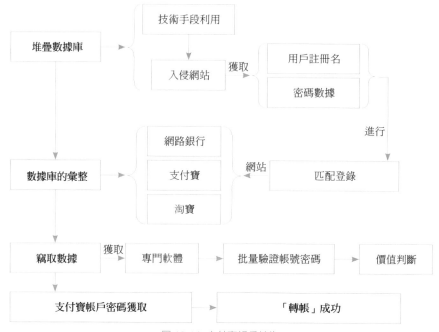

圖 15-14　支付寶帳戶被盜

圖 15-14 所示的支付寶帳號被盜是大數據應用風險的體現。

在這一過程中，一方面是基於犯罪嫌疑人對一般用戶的密碼設置心理方面的瞭解，用戶在需要設置多種用戶名和密碼時，常喜歡統一用戶名和密碼以便於記憶，而這恰是犯罪分子抓住的突破點，他們從這一方面考慮，一般會有所斬獲。

另一方面，在移動大數據環境下，用戶的多種用戶名和帳號密碼透過大數據技術的分析與採擷，總能從中找到相關聯的部分，從這些關聯中找出相似性，再進行匹配就簡單容易得多。

由此可見，移動大數據應用方面的安全風險在日常生活中普遍存在著，需要我們時刻警惕。因此，用戶在網站註冊過程中，應該採取個別的、複雜度高的密碼，這樣有助於保障用戶的移動互聯網和互聯網使用安全。

2. 移動大數據下 Cookies 的用戶隱私竊取

Cookies 是用戶瀏覽網頁時，網路服務器在用戶的電腦或移動終端上儲存的少量數據，這些數據是對用戶的搜尋痕跡的記錄，如圖 15-15 所示。

另外，Cookies 還能判定註冊用戶的登錄情況，避免重複登錄網站的繁瑣。這些在給用戶帶來便利的同時也帶來了使用風險。

圖 15-15 Cookies 的搜尋功能

　　目前，就存在廣告公司透過竊取用戶的 Cookies 來收集和分析用戶的 IP 地址、帳號、身份、聯繫方式等資訊。雖然這些公司的做法是為了獲取用戶資訊而傳送廣告，但這些行為是在沒有尊重用戶的知情權和選擇權下發生的，是對用戶個人隱私的洩露。

　　這些是基於移動大數據的應用在用戶隱私洩露方面的表現，Cookies 儲存的用戶數據的分析與採擷，是用戶隱私洩露的根源。針對這一問題，用戶可以透過「清除瀏覽記錄」和「許可權禁止」的設置，來有效減少個人資訊洩露。

15.3.2 移動大數據的風險控制

　　移動大數據應用會帶來安全風險，然而從另一個方面來說，不法分子的行為在移動大數據下也將更加無所遁形。

　　就位置資訊來說，移動大數據的位置資訊是其行為軌跡的呈現，只要進行充分的分析與採擷，完全可以對不法分子的行為做出監測與預測。這些完全能夠支援移動大數據在反欺詐領域的應用，一般包括三個應用場景，在此以 P2P 貸款用戶的資訊驗證為例來進行闡釋，具體內容如下。

1. 辨別居住地

　　一般來說，存在於網路上的欺詐行為其隱蔽性較現實場景中更高，因而給用戶和偵測增加了難度。而移動大數據為欺詐行為的辨別提供了依據，透過用戶的移動終端設備上的位置資訊，驗證用戶的真實資訊。

　　如果用戶在申請時所填寫的居住地，與其提供的手機設備資訊上顯示的位址完

全沒有關聯，那麼該用戶提交的申請資訊時極有可能不是真實可信的，在這一情形下，發生惡意詐欺的可能性就比較高。總體來說，移動終端上的位置資訊能夠對用戶的居住地進行辨別，從而幫助驗證申請人所提供的居住地。

2. 辨別工作地點

在貸款業務方面，轉帳用戶的工作地點和工作單位的瞭解非常重要，因為這關係到用戶的還款能力。不法分子往往會冒充高薪人士進行惡意詐欺。

而移動大數據能夠對申請人提供的位置和單位資訊做出判斷，確認其資訊的可靠性。如申請人自稱是該企業的高薪人士，但利用移動大數據技術對其移動終端設備上的位置資訊進行驗證，發現與平時的活動區域全然無關，那麼其惡意詐欺的可能性不可忽視。

由此可見，移動大數據能夠在一定程度上驗證申請人的工作地點資訊，這對降低利用高薪工作進行惡意詐欺的風險非常明顯。

3. 辨別詐欺聚集地

集中作案和團體作案的惡意詐欺特點，是移動大數據進行風險識別與控制的依據與方法之一。

假如多個申請人其移動終端設備顯示的位置資訊，在極短的時間內都在相近地點連續出現，那麼惡意詐欺的團體作案可能性就比較大。移動大數據透過對用戶異常行為的分析、採擷和驗證，也能夠降低惡意詐欺的風險。

15.3.3 移動大數據下的風險控制案例

上面已經對移動大數據基於用戶位置資訊的風險控制作了闡釋，以眾安保險公司為例，主要就移動大數據的具體應用方面來對其風險控制作詳細描述。

眾安保險是中國首家互聯網保險公司，其在移動終端上同樣可以應用，其具體情況如圖 15-16 所示。

圖 15-16 眾安保險

2013 年，眾安保險聯合阿里巴巴推出的「眾樂寶－保險計畫」就是移動大數據環境下風險控制的典型。

在淘寶網上，眾樂寶推出之前其賣家需要交納 1000 ～ 10,000 元不等的消費者保證金，推出之後眾樂寶產品要求每年投保一次，且其費率只有 3%，從而實現了保證金的釋放。且在有維權糾紛發生的情形下，若賣家需向買家做出賠付，可由保險公司先行墊付，從而極大地縮短了糾紛的過程。

而在投保過程中，眾安保險會在投保前對淘寶網賣家做信用和經營情況的評估，而這些評估的依據，就有賴於淘寶網的全量數據的分析與採擷。只有透過大數據對賣家的情況有了全面瞭解，且對賣家進行全程數據監控的情況下，「眾樂寶」這一產品來自賣家本身的信用風險和經營風險才能降到最低。

參 考 文 獻

[1] 李軍．大數據－從海量到精準 [M]. 北京：清華大學出版社，2014。

[2] 李軍．實戰大數據－客戶定位與精準行銷 [M]. 北京：清華大學出版社，2015。

[3] 海天理財．一本書讀懂大數據商業行銷 [M]. 北京：清華大學出版社，2015。

[4] 海天理財．一本書讀懂物聯網 [M]. 北京：清華大學出版社，2015。

[5] 海天理財．一本書玩轉移動支付 [M]. 北京：清華大學出版社，2015。

頁碼	本書列舉的大陸 APP、網站	臺灣同類型常用 APP、網站
P.38	58 同城租房	591 租屋網
P.80	今日頭條 APP	Google 新聞個人讀報
P.95	易到用車	Uber
P.95	餘額寶、百發、微信支付	7-11 取貨付款、線上刷卡
P.135	螞蟻短租	591 租屋網
P.137	美團	Qbon
P.140	騰訊地圖	Google 地圖
P.141	好大夫醫療 APP	i 醫院診所－臺灣醫療資訊社群平臺 APP
P.145	BYD 雲端服務	Drivebot 汽車診斷 APP、驅動程式 APP
P.145	百度糯米	GOMAJI 團購網
P.151	阿里巴巴	PChome Oline 線上諮詢
P.151	淘寶網	樂天市場
P.152	阿里旺旺	PChome Oline 線上諮詢
P.155	海底撈（臺灣有分店）	星巴克運用 FB 進行促銷活動
P.155	蘇甯易購	京站廣場 Q Online 行動購物 APP
P.155	匯銀豐集團	街口網路 APP
P.156	趕集卡、大眾點評網	愛評網 iPeen
P.157	易到用車、到家美食會	Yahoo 奇摩購物商城
P.158	阿里巴巴	樂天市場
P.161	9508	104 外包網
P.161	中國銀聯	新光銀行 APP
P.166	出航服務 APP	Uber、178 叫車
P.169	窮遊 APP	bluezz 旅遊筆記本
P.173	微信	Facebook
P.175	海底撈	麥當勞歡樂 APP